钳工工艺技能训练

QIANGONG GONGYI JINENG XUNLIAN

主　编◎王定勇

副主编◎杨玉荣　唐玉杰　郭靖

图书在版编目（CIP）数据

钳工工艺技能训练/王定勇主编．—北京：经济管理出版社，2015.8（2017.9重印）
ISBN 978－7－5096－3867－5

Ⅰ.①钳…Ⅱ.①王… Ⅲ.①钳工—工艺学—中等专业学校—教学参考资料 Ⅳ.①TG9

中国版本图书馆 CIP 数据核字（2015）第 138393 号

组稿编辑：魏晨红
责任编辑：魏晨红 王格格
责任印制：黄章平
责任校对：赵天宇

出版发行：经济管理出版社
（北京市海淀区北蜂窝 8 号中雅大厦 A 座 11 层 100038）
网　址：www. E－mp. com. cn
电　话：（010）51915602
印　刷：北京九州迅驰传媒文化有限公司
经　销：新华书店
开　本：787mm×1092mm/16
印　张：7
字　数：170 千字
版　次：2015 年 8 月第 1 版　　2017 年 9 月第 2 次印刷
书　号：ISBN 978－7－5096－3867－5
定　价：25.00 元

机电技术应用专业教材开发委员会

前言

钳工技能是机电、汽车、机械行业从业者所应具备的基本技能之一。本书的编写目的是使学生掌握从事机电维修、汽车以及排除故障所必需的钳工基础知识、方法和技能。通过钳工技能的实训实习，提高学生的综合素质，培养学生吃苦耐劳的精神和认真细致的工作作风，使其具备良好的职业道德、综合职业能力及安全操作知识，为从事专业工作、适应岗位变化及学习新技术打下基础。

本书有别于普通传统教材按体系编写的惯例，教学设计以项目驱动为例，将一个项目分成若干个任务，使学生循序渐进地进行学习、思考。在每个任务完成后进行实操记录，这既是学生对自己学习情况的了解，也是指导教师对学生掌握本环节内容情况的一个评价。本书内容重在应用，文字简练，图文并茂，操作性强，符合中职不同层次学生对专业学习的需求。

在教材的编写过程中，得到了学院机械工程系、电气工程系、机动车系、教学督导处的大力支持，在此表示诚挚的谢意。

编　者

2014 年 12 月 1 日

前言

目　录

项目一　长方体的制作

【学习任务】

完成长方体的加工。毛坯料为钢板料，如图 1－1（a）所示，经加工后长方体的外形如图 1－1（b）所示。其加工要求如图 1－2 所示。

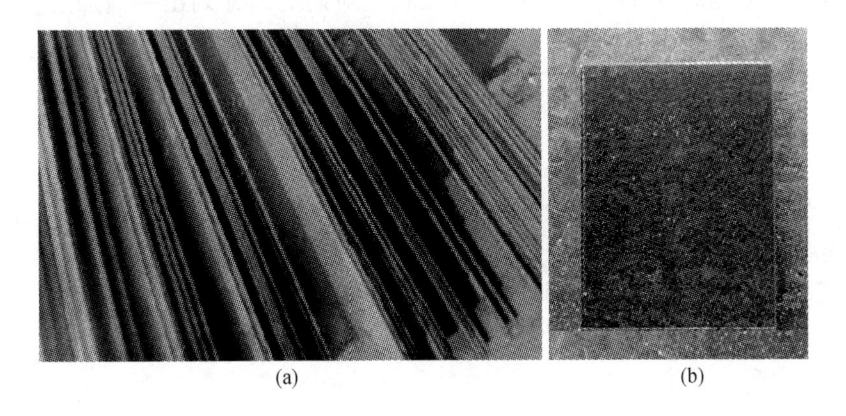

(a)　　(b)

图 1－1　长方体

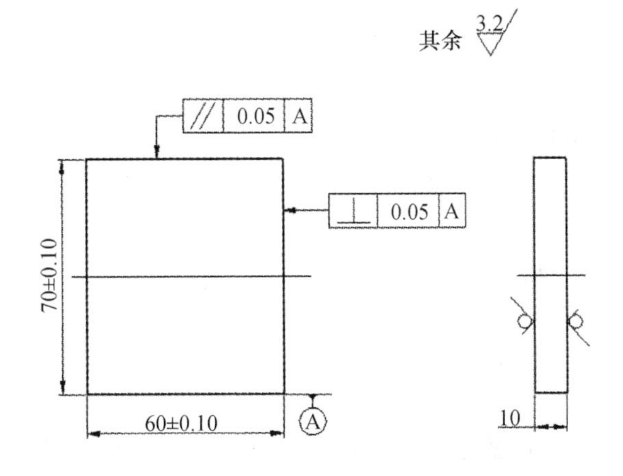

图 1－2　长方体加工要求（单位：mm）

【学习要求】

通过长方体的制作训练，掌握划线、锯削、锉削、錾削的基础知识和正确的操作技能，明确划线、锯削、锉削、錾削操作中的注意事项，形成规范。

【工艺分析】

要完成长方体的制作，须按照以下工艺过程进行：

（1）粗精锉基准面A。粗锉用300mm粗齿扁锉，精锉用250mm细齿扁锉，达到平面度0.08mm、粗糙度Rα≤3.2mm的要求。

（2）粗精锉基准面A的对面。用高度游标尺划出相距尺寸的平面加工线，先粗锉，留0.15mm左右的精锉余量，再精锉达到图样要求。

（3）粗精锉基准面A的任一邻面。用角尺和划针划出平面加工线，然后达到图纸要求。

（4）粗精锉基准面A的另一邻面。现以相距对面的尺寸划出平面加工线，先粗锉，留0.15mm左右的精锉余量，再精锉达到图样要求。

着装注意事项：

（1）工作时必须穿好工作服，袖口、衣服要扣好，要做到三紧（袖口紧、领口紧、下摆紧）。

（2）女生不允许穿凉鞋、高跟鞋，并应戴好工作帽。穿着便装及不戴工作帽，很容易出现工伤事故。

（3）规范的着装是安全与文明生产的要求，也是现代企业管理的基本要求，代表着企业形象。

任务1　划线

【学习要求】

（1）了解划线的基本定义和种类。

（2）能正确使用常用的划线工具。

（3）掌握划线的注意事项。

（4）掌握划线的基本技能。

（5）了解特殊工件的划线。

【知识准备】

本课讲的是钳工基本操作的第一个项目：划线。在钳工实习操作中，加工工件的第一步是从划线开始的，所以划线精度是保障工件加工精度的前提，如果划线误差太大，会造成整个工件的报废。划线应该按照图纸的要求，在零件的表面，准确地划出加工界限。这堂课的主要内容有：划线的概念，划线的作用，划线的种类，划线工具，划线基准的选

择，划线的步骤。

根据图样的尺寸要求，用划线工具在毛坯或半成品工件上划出待加工部位的轮廓线或作出基准的点、线的操作称为划线，如图 1－3 所示。

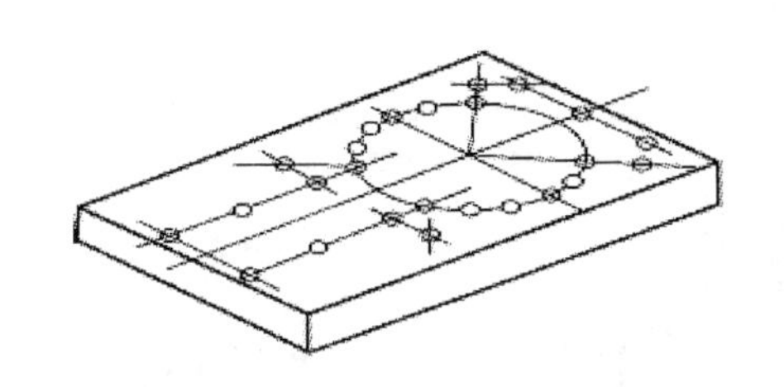
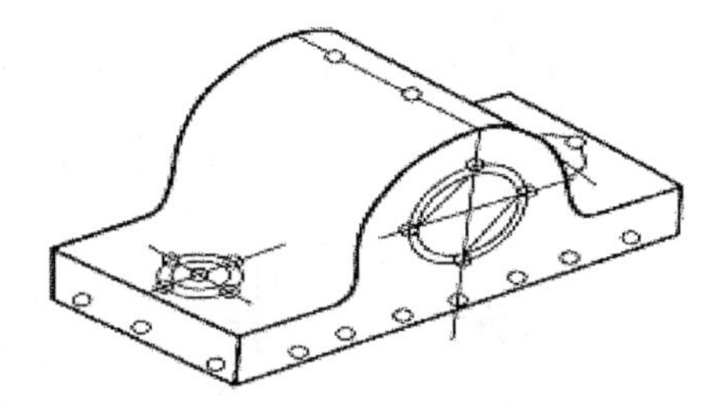

图 1－3　在毛坯、半成品上划线

一、划线的作用

（1）确定工件加工表面的加工余量和位置。

（2）检查毛坯的形状、尺寸是否符合图纸要求。

（3）合理分配各加工面的余量。

划线不仅能使加工有明确的界限，而且能及时发现和处理不合格的毛坯，避免造成损失，而在毛坯误差不太大时，往往又可依靠划线的借料法予以补救，使零件加工表面仍符合要求。

二、划线的种类

（1）平面划线：在工件的一个表面上划线的方法称为平面划线，如图 1－4 所示。

图 1－4　平面划线

（2）立体划线：在工件的几个表面上划线的方法称为立体划线，如图 1－5 所示。

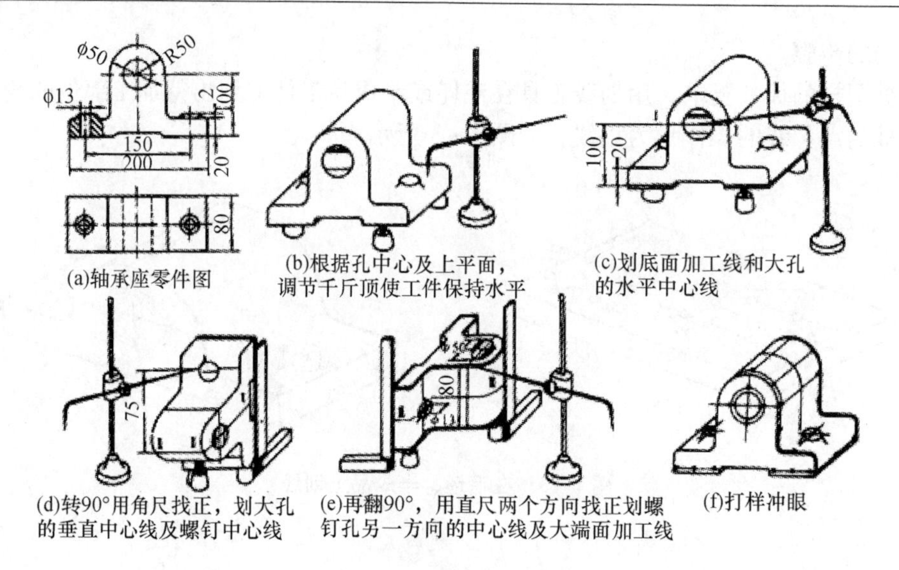

图 1－5　立体划线（单位：mm）

三、划线工具

（一）基准工具

1. 划线平板

划线平板（或划线平台，见图 1－6）是划线的主要基准工具。其安放时要平稳牢固，上平面要保持水平。平面的各处要均匀使用，不可碰撞或敲击其表面，要注意其表面的清洁。长期不用时，应涂防锈油防锈，并盖保护罩。

图 1－6　划线平台

2. 划线方箱

方箱是铸铁制成的空心立方体，相邻的两个面均互相垂直，如图 1－7 所示。方箱用于夹持、支承尺寸较小而加工面较多的工件。通过翻转方箱，便可在工件的表面上划出互相垂直的线条。

图 1－7　划线方箱

（二）测量工具

1. 游标高度尺（见图 1－8）

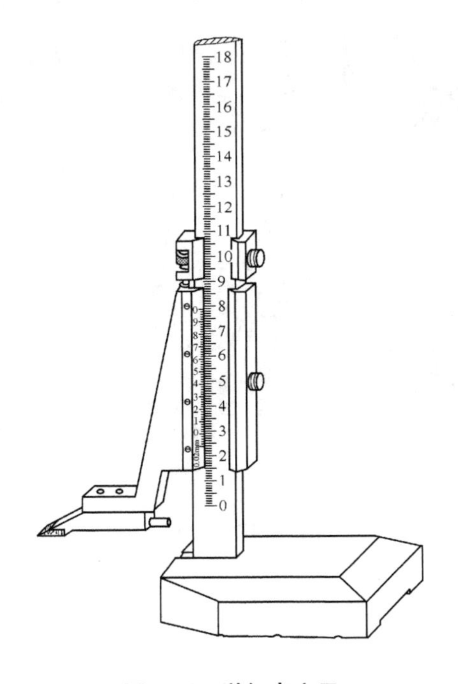

图 1－8　游标高度尺

2. 钢直尺（见图 1－9）

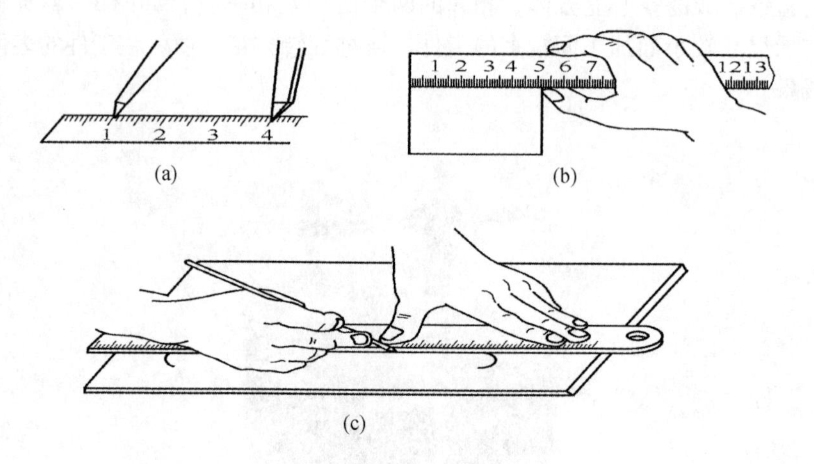

图 1－9 钢直尺

3. 90°角尺（见图 1－10）

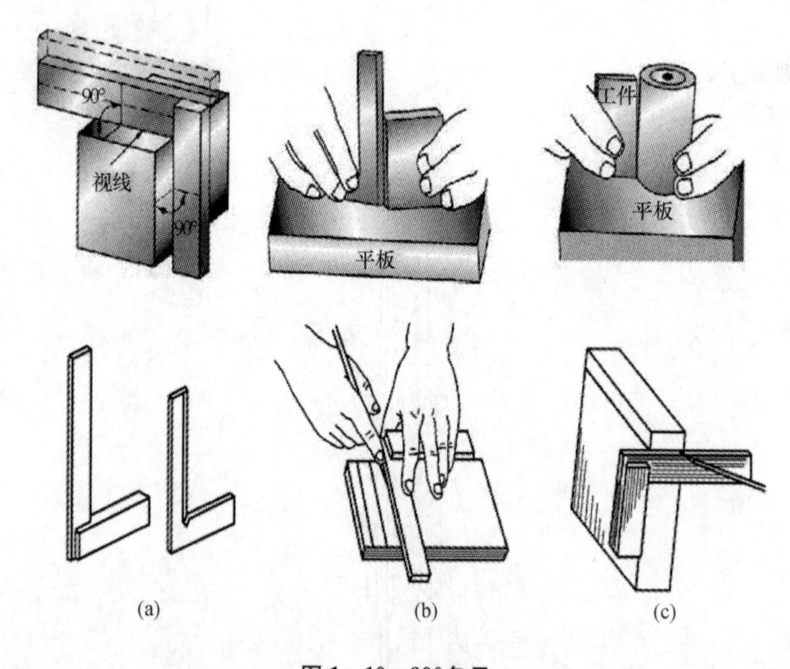

图 1－10 90°角尺

（三）绘划工具

1. 划针

（1）划针是在工件表面划线的工具，如图 1－11 所示。其一般由工具钢或弹簧钢丝制成，尖端磨成 15°～20°的尖角，并经过热处理，硬度达 HRC55～60。

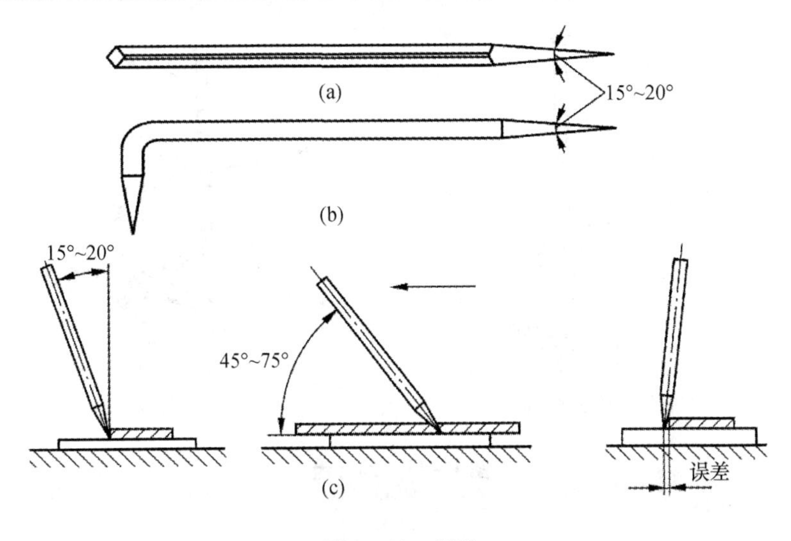

图 1－11　划针

（2）划针要依靠钢尺或直尺等导线工具而移动，并向外侧倾斜 15°～20°，向划线方向倾斜 45°～75°，见图 1－11（c）。要尽量做到一次划成，以使线条清晰、准确。

2. 划规

划规是划圆或划弧线、等分线段及量取尺寸等操作所使用的工具，如图 1－12 所示。其用法与制图中的圆规相同。

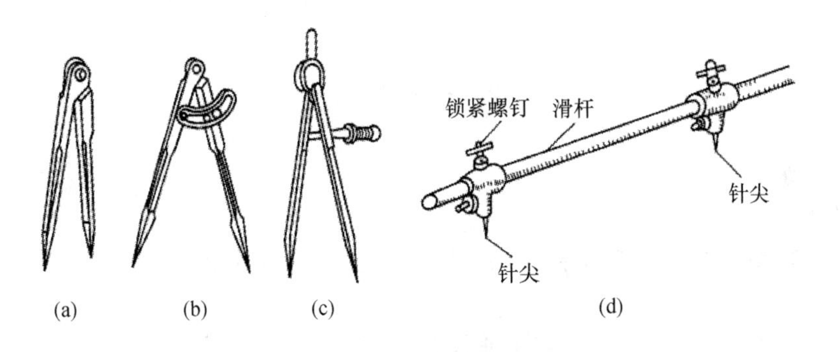

图 1－12　划规

3. 划针盘

划针盘主要用于立体划线和工件位置的校正，如图 1－13 所示。用划针盘划线时，应注意划针装夹要牢固，伸出不宜过长，以免抖动。底座要保持与划线平板紧贴，不能摇晃和跳动。

4. 样冲

样冲是在划好的线上冲眼用的工具，如图 1－14 所示，通常用工具钢制成，尖端磨成 60°左右，并经过热处理，硬度高达 HRC55～60。

冲眼是为了强化显示用划针划出的加工界线；在划圆时，需先冲出圆心的样冲眼，利用样冲眼作圆心，才能划出圆线。样冲眼也可以作为钻孔前的定心。

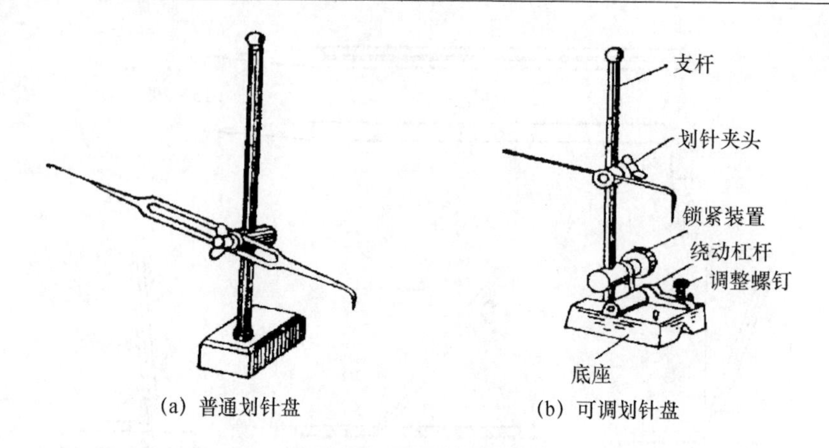

(a) 普通划针盘　　(b) 可调划针盘

图 1－13　划针盘

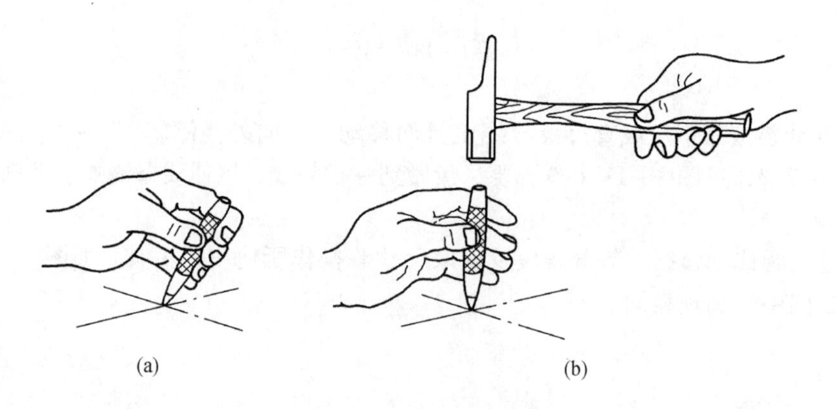

(a)　　(b)

图 1－14　样冲

（四）夹持工具

1. V 形铁

V 形铁实物图如图 1－15 所示，V 形铁示意图如图 1－16 所示。

图 1－15　V 形铁实物图

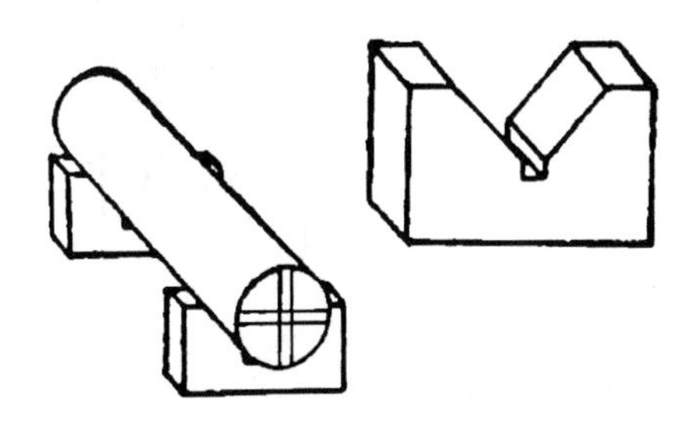

图 1－16　V 形铁示意图

2. 千斤顶

千斤顶示意图如图 1－17 所示，千斤顶实物图如图 1－18 所示。

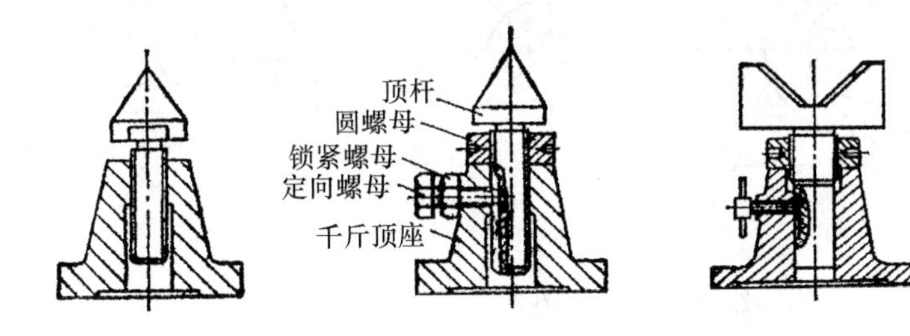

图 1－17　千斤顶示意图

图 1－18　千斤顶实物图

四、划线基准

在零件的许多点、线、面中，用少数点、线、面能确定其他点、线、面的相互位置，这些少数的点、线、面被称为划线基准。基准是确定其他点、线、面位置的依据，划线时都应从基准开始，在零件图中确定其他点、线、面位置的基准为设计基准，零件图的设计基准和划线基准是一致的。

划线的基准有三种类型，如图 1－19 所示：

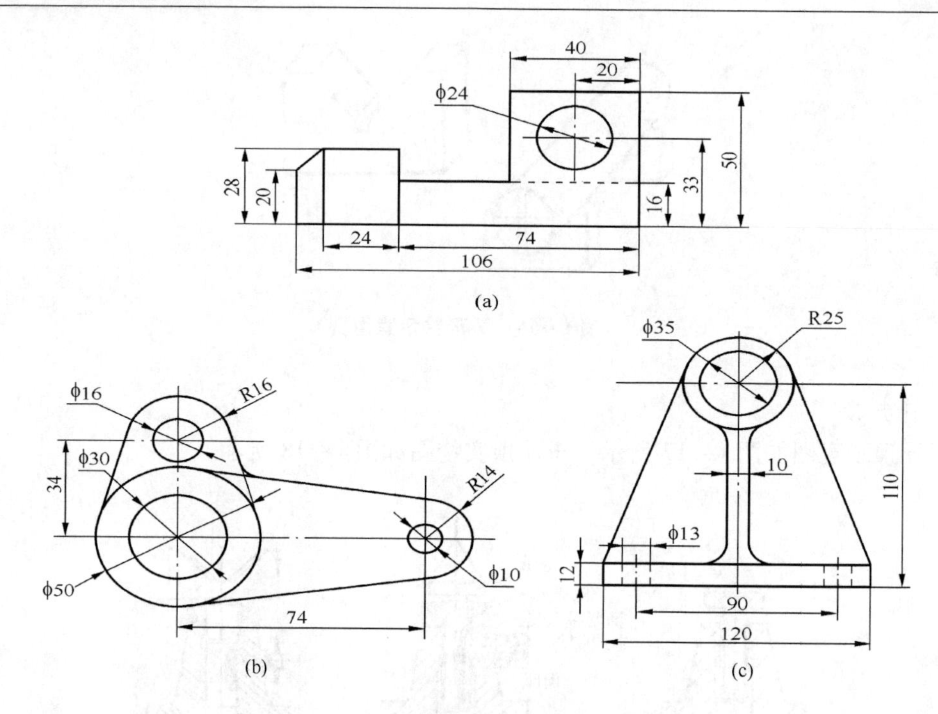

图 1－19　划线基准的类型（单位：mm）

（1）以两个相互垂直的平面（或线）为基准。

（2）以一个平面与一个对称平面为基准。

（3）以两个相互垂直的中心平面为基准。

五、划线步骤

（1）研究图纸，确定划线基准，详细了解需要划线的部位，这些部位的作用和需求以及有关的加工工艺。

（2）初步检查毛坯的误差情况，去除不合格毛坯。

（3）工件表面涂色（蓝油）。

（4）正确安放工件和选用划线工具。

（5）划线。

（6）详细检查划线的精度以及线条有无漏划。

（7）在线条上打冲眼。

【实习操作】

◆ 长方体毛坯划线

一、准备工作

平板、直尺、角尺、划针、划规、样冲、手锤、涂料（白粉笔或白石灰水）、Q235 钢 60×70×10 毛坯。

二、目的

掌握划线的基本工艺和划线工具的使用。

三、操作

（1）研究图纸，确定划线基准，详细了解需要划线的部位、这些部位的作用和需求以及有关的加工工艺。

（2）用直尺初步检查毛坯的误差情况，去除不合格毛坯。用砂纸、钢丝刷、锉刀清理毛坯表面污物，并在需要划线的部位涂上涂料。

（3）正确安放工件和选用划线工具。

（4）划基准线 60mm 边直线，用角尺划基准线的垂直线。以两垂直线的交点为基准点，在两直线上分别量取 60mm 和 50mm，找到这两个端点；然后再以这两点为基准圆心，分别以 50mm 和 60mm 为半径划弧，找到两弧的交点；此交点再和两圆心连接成线。

（5）检查。

检查所有线条是否清晰；检查是否有漏划线条；检查四边的长度是否符合图纸要求；检查两条对角线长度是否相等。

（6）在加工线条上打冲眼，每条线打 3～4 个样冲眼。

【任务评价】

一、长方体划线质量评价

长方体划线质量评价如表 1－1 所示。

表 1－1　长方体划线质量评价

	项目	质量检测内容	配分	评分标准	实测结果	得分
质量评定	线条	清晰程度	20	酌情扣分		
		均匀性	10	酌情扣分		
	公差	尺寸误差不大于 0.5mm	20	酌情扣分		
	样冲眼	中心线位置是否准确	10	不符合要求不得分		
		冲眼大小及均匀性	10	不符合要求不得分		
	圆弧	与圆弧是否光滑连接	15	不符合要求不得分		
		与直线是否光滑连接	15	不符合要求不得分		
	总得分					

二、任务评价

任务评价如表 1－2 所示。

表 1-2 任务评价表

序号	考核项目	考核内容和要求	配分	评分标准	检测结果	得分
1	加工准备	工、量具清单完整	5	缺 1 项扣 1 分		
		工作服穿着完整	5	酌情扣分		
		工、量具摆放整齐	5	酌情扣分		
2	操作规范	划线操作正确性	10	酌情扣分		
		工具使用正确性	10	酌情扣分		
3	文明生产	操作文明安全，工完场清	5	酌情扣分		
4	完成时间			每超过 10min 扣 2 分，超过 30min 为不及格		
5	划线质量	见表 1-1	60	见表 1-1		
总配分			100	总得分		

【任务思考】

（1）划线工具的使用是否存在问题？

（2）划线的尺寸精度、几何公差控制是否存在问题？

任务 2 锯削

【学习要求】

（1）了解锯弓的结构和锯削操作方法。

（2）能根据不同材料正确选用锯条，并正确装夹工件。

（3）掌握锯削的注意事项。

（4）掌握长方体的锯削加工操作技能。

（5）了解管子、薄板、深槽等特殊工件的锯削操作。

【概述】

锯削是用手锯对材料或工件进行分割的一种切削加工，锯削实际操作图如图 1-20 所示。

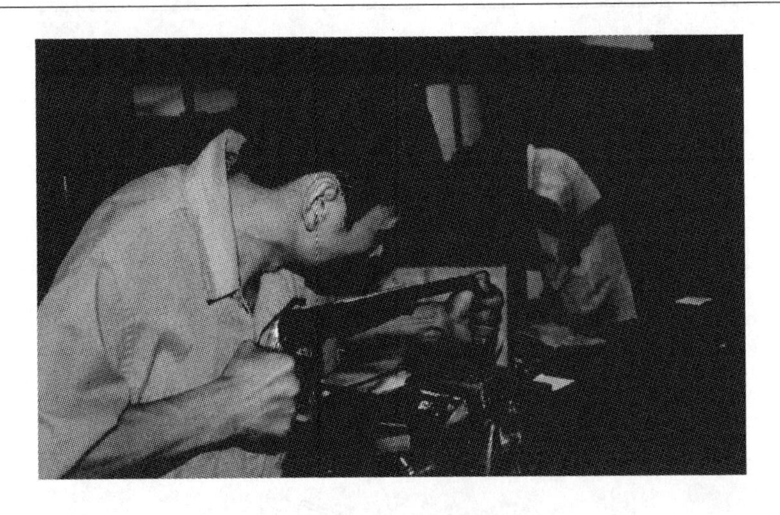

图 1－20　锯削实际操作图

其工作范围包括：分割各种材料或半成品；锯掉工件上多余的部分；在工件上开槽，如图 1－21 所示。

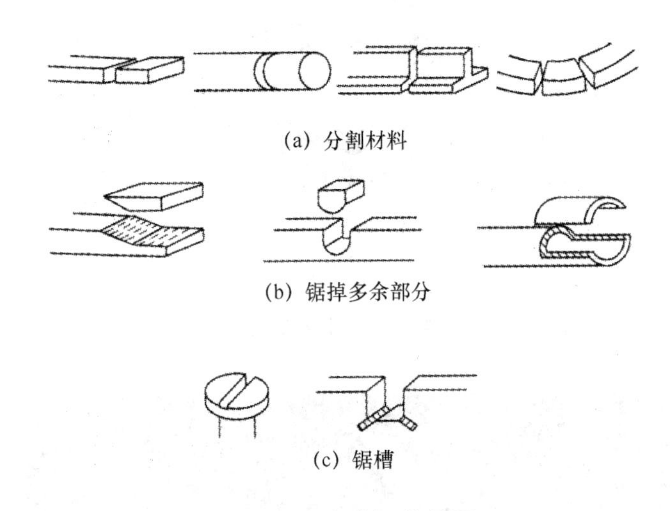

图 1－21　锯削工作范围

【知识准备】

一、常用设备

（1）台虎钳是用来夹持工件的通用夹具（见图 1－22），台虎钳的规格以钳口的宽度表示，分别有 100mm、125mm、150mm、200mm 等。

（2）钳台用来安装台虎钳，放置工、量具和工件，高度约 800～900mm。装上台虎钳后，以钳口高度恰好齐人肘部为宜，长度和宽度随工作需要而定。钳台示意图如图 1－23 所示，钳台实物图如图 1－24 所示。

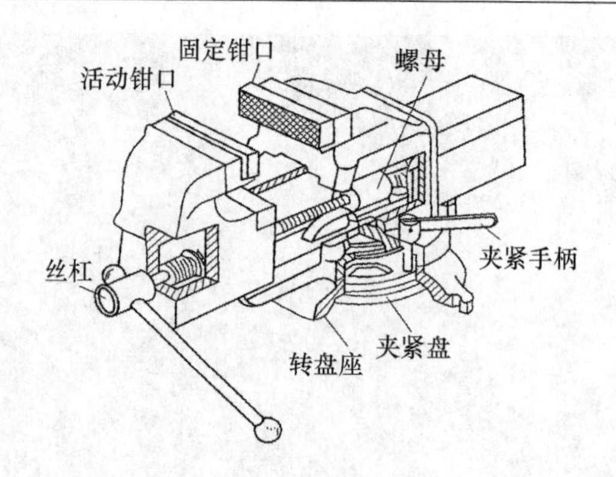

图 1-22　台虎钳

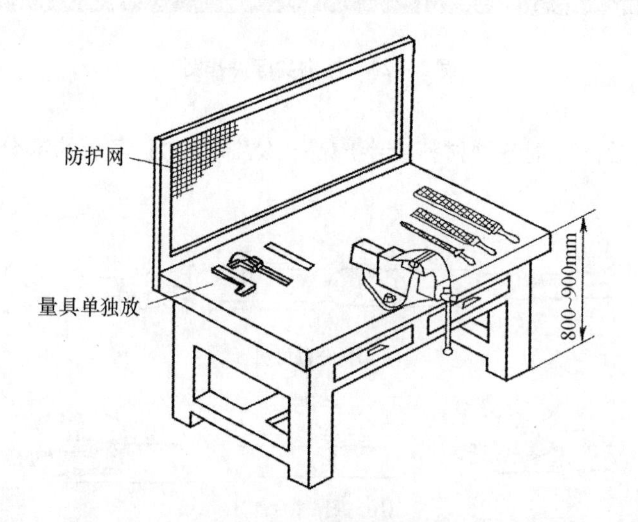

图 1-23　钳台示意图

图 1-24　钳台实物图

二、常用锯削工具

锯削加工时所用的工具为手锯，它主要由锯弓和锯条组成。

（1）锯弓用来安装并张紧锯条，分为固定式和可调式，如图1－25所示。固定式锯弓只能安装一种锯条；而可调式锯弓通过调节安装距离，可以安装几种长度规格的锯条。

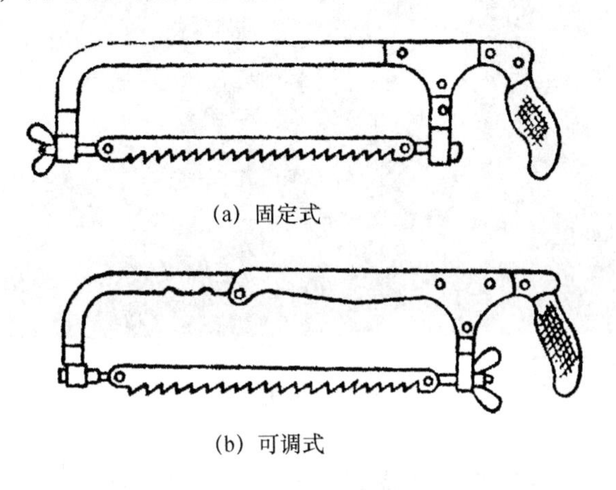

(a) 固定式

(b) 可调式

图1－25　锯弓的两种形式

（2）锯条由碳素工具钢或合金钢制成，并经过热处理淬硬。常用的手工锯条长300mm，宽12mm，厚0.8mm。

1）从图1－26中可以看出，锯齿排列呈左右错开状，人们称之为锯路。其作用就是防止在锯削时锯条夹在锯缝中，同时可以减少锯削时的阻力和便于排屑。

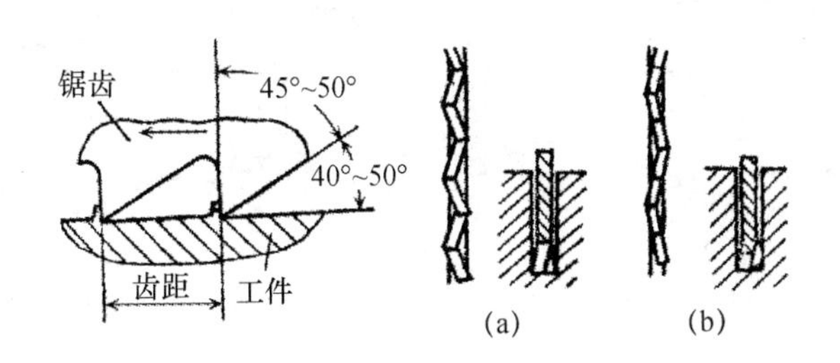

图1－26　锯齿排列结构示意图

2）锯齿的粗细是按照锯条上每25mm长度内的齿数来表示，14～18齿为粗齿，24齿为中齿，32齿为细齿。其中粗齿锯条用于加工软材料或厚材料；中等硬度的材料选用中齿锯条；硬材料或薄材料锯削时一般选用细齿锯条，锯齿的粗细规格如表1－3所示。

表1－3　锯齿的粗细规格

齿型	齿距	齿数	用途
粗齿	>1.8	<14	锯割部位较厚、较软的材料
中齿	1.1～1.8	14～22	锯割碳钢、铸铁等中硬材料
细齿	<1.1	>22	锯割部位较薄、较硬的材料

三、锯削操作

图 1－27　锯削操作图

（1）工件的装夹。工件应夹在台虎钳的左边，以便于操作；同时工件伸出钳口的部分不要太长，以免在锯削时引起工件的抖动；工件夹持应该牢固，防止工件松动或使锯条折断。

（2）锯条的安装。安装锯条时松紧要适当，过松或过紧都容易使锯条在锯削时折断。因手锯是向前推时进行锯削，而在向后返回时不起锯削作用，因此安装锯条时一定要保证齿尖的方向朝前，如图 1－28 所示。

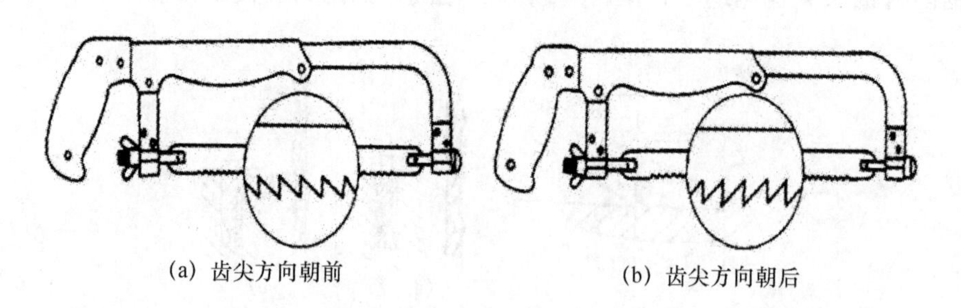

(a) 齿尖方向朝前　　(b) 齿尖方向朝后

图 1－28　锯条的安装

（3）起锯。起锯是锯削工作的开始，起锯的好坏直接影响锯削质量。起锯的方式有远边起锯和近边起锯两种。一般情况下采用远边起锯，因为此时锯齿是逐步切入材料，不易被卡住，起锯比较方便。如采用近边起锯，若掌握不好，锯齿会由于突然锯入且较深，容易被工件棱边卡住，甚至崩断或崩齿。无论采用哪一种起锯方法，起锯角都以 15°为宜。如起锯角太大，则锯齿易被工件棱边卡住；起锯角太小，则不易切入材料，锯条还可能打滑，把工件表面锯坏。为了使起锯的位置准确，可用左手大拇指挡住锯条来定位。起锯时压力要小，往返行程要短，速度要慢，这样可使起锯平稳，如图 1－29 所示。

起锯时，锯条与工件表面倾斜角约为 15°，最少要有三个齿同时接触工件。

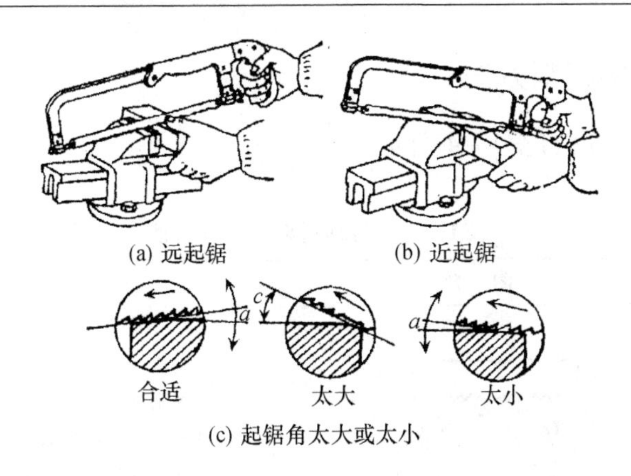

图 1－29　起锯

(4) 锯削的姿势。锯削时左脚超前半部，身体略向前倾，与台虎钳中心呈 75°。两腿自然站立，人体重心稍偏于右脚。锯削时视线要落在工件的切削部位。推锯时身体上部稍向前倾，给手锯以适当的压力而完成锯削。

右手握稳锯柄，左手扶在锯弓前端，锯削时推力和压力主要由右手控制，如图 1－30 所示。

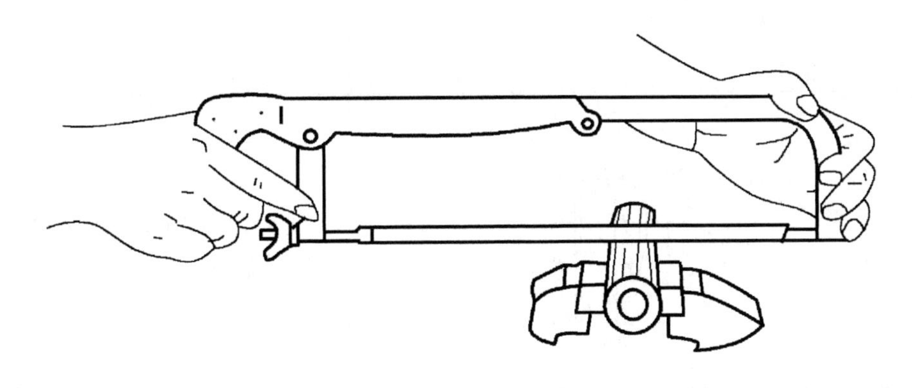

图 1－30　锯削的姿势

(5) 推锯时锯弓的运动方式有两种：一种是直线运动，适用于锯缝底面要求平直的槽和薄壁工件的锯削；另一种是锯弓做上、下摆动，这样操作自然，两手不易疲劳。手锯在回程中因不进行切削，故不施加压力，以免锯齿磨损。在锯削过程中锯齿崩落后，应将邻近几个齿都磨成圆弧，才可继续使用，否则会连续崩齿直至锯条报废，如图 1－31 所示。

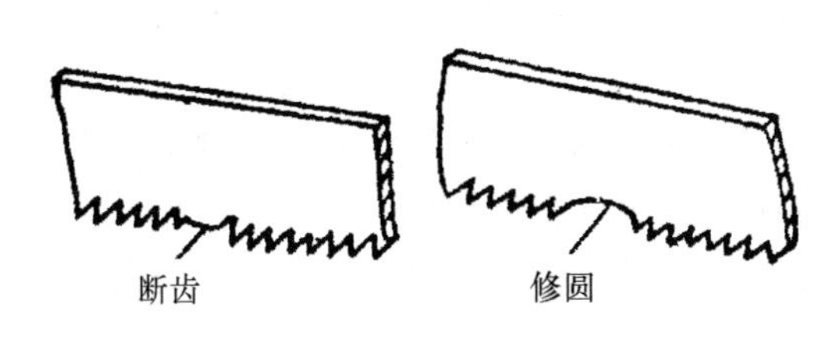

图 1－31　将断齿磨成圆弧

四、各种材料的锯削方法

各种材料的锯削方法如表 1 - 4 所示。

表 1 - 4　各种材料的锯削方法

材　料	图　例	锯割方法
管子		锯割薄壁管时，应先在一个方向锯到管子内壁处，然后把管子向推锯的方向转过一定角度，并连接原锯缝再锯到管子的内壁处，如此不断，直到锯断为止
深缝锯割	(a)　(b)	当锯缝深度超过锯弓高度时，可将锯条转过 90°，重新装夹后再锯
薄板	木块 薄板	可将薄板夹在两木块之间进行锯割，或手锯作横向斜推锯

五、锯削操作时的注意事项

（1）锯条要装得松紧适当，锯削时不要用力过猛，防止在工件中锯条折断从锯弓上崩出伤人。

（2）工件夹持要牢固，以免工件松动、锯缝歪斜、锯条折断。

（3）要经常注意锯缝的平直情况，如发现歪斜应及时纠正。歪斜过多则纠正困难，不能保证锯削的质量。

（4）工件将锯断时压力要小，避免压力过大使工件突然断开，手向前冲造成事故。一般工件将锯断时要用左手扶住工件断开部分，以免落下伤脚。

（5）在锯削钢件时，可加些机油，以减少锯条与工件的摩擦，提高锯条的使用寿命。

【实习操作】

◆长方体毛坯的锯削

一、准备工作

锯弓、锯条、毛刷、已划线的长方体毛坯。

二、目的

（1）掌握锯削的操作方法以及工件的夹持。
（2）掌握锯条的安装和起锯方法。
（3）掌握锯削的注意事项。

三、操作

1. 工件的夹持

将长方体毛坯的锯断处放在台虎钳的左侧，距钳口侧面 5 ~ 10mm 处。

2. 锯条的安装

选择好锯条的粗细，将锯条的齿尖朝向前推的方向；用蝶形螺母来调节锯条的松紧，安装的松紧要适宜，否则易折断。

3. 起锯

采用远起锯。右手满握锯弓手柄，左手大拇指靠住锯条光滑侧面，让锯条正确地停在划线左侧 2mm 左右的位置，右手轻轻前后拉 2 ~ 3 次锯弓，使锯齿稍入锯口。

4. 正常锯削

用摆动式或直线式正常锯削，注意用力特点、锯削频率、锯削行程。

5. 加润滑液

因为是钢料，可加机油润滑、冷却。

6. 依次同样锯削另外三个面

【任务评价】

一、长方体锯削检验报告

表 1－5　长方体锯削检验报告

零件图号		送检		检验员	
零件名	长方体	材料	Q235	日期	
序号	精度要求	自检	判定	互检	判定
1	长度 70 mm				
2	宽度 60 mm				

二、任务评价

表1－6　任务评价表

序号	考核项目	考核内容和要求	配分	评分标准	检测结果	得分
1	加工准备	工、量具清单完整	5	缺1项扣1分		
		工作服穿着完整	5	酌情扣分		
		工、量具摆放整齐	5	酌情扣分		
2	尺寸精度	长度70 mm	15	超差不得分		
		宽度60 mm	15	超差不得分		
3	几何公差	平行度公差	10	超差不得分		
		垂直度公差	20	超差不得分		
4	表面粗糙度		10	酌情扣分		
5	操作规范	锯削操作正确性	5	酌情扣分		
		工具使用正确性	5	酌情扣分		
6	文明生产	操作文明安全，工完场清	5	酌情扣分		
7	完成时间			每超过10分钟扣2分，超过30分钟为不及格		
总配分			100	总得分		

【任务思考】

(1) 锯削操作中是否存在问题？

(2) 锯削操作中锯不直是什么原因？

任务3　游标卡尺的使用

【学习要求】

(1) 掌握游标卡尺的结构和用途。

(2) 掌握游标卡尺的正确测量。

(3) 熟练地读取游标卡尺的测量数值。

(4) 熟悉游标卡尺的维护。

【知识准备】

一、游标卡尺的结构

（1）测量范围为 0 ~ 125mm 的游标卡尺，制成带有刀口形的上下量爪和带有深度尺的形式，如图 1 – 32 所示。

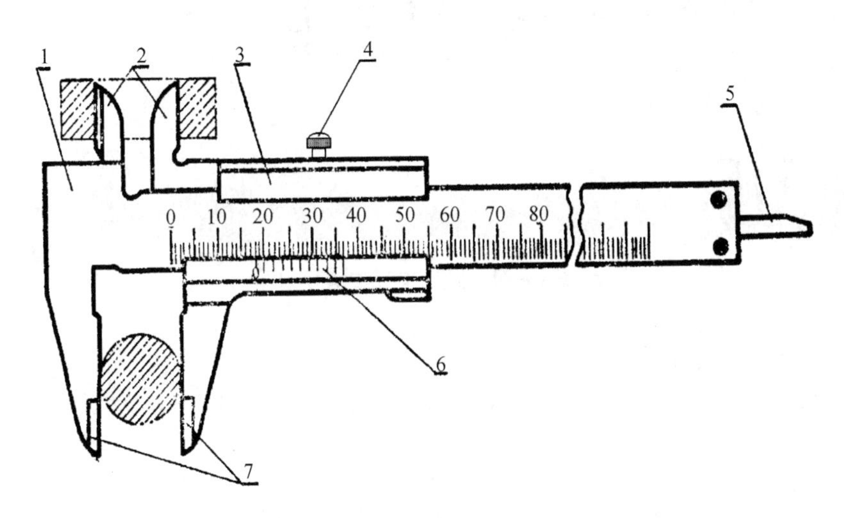

1：尺身　2：上量爪　3：尺框　4：紧固螺钉　5：深度尺　6：游标　7：下量爪

图 1 – 32　游标卡尺结构（1）

（2）测量范围为 0 ~ 200mm 和 0 ~ 300mm 的游标卡尺，可制成带有内外测量面的下量爪和带有刀口形的上量爪的形式，如图 1 – 33 所示。

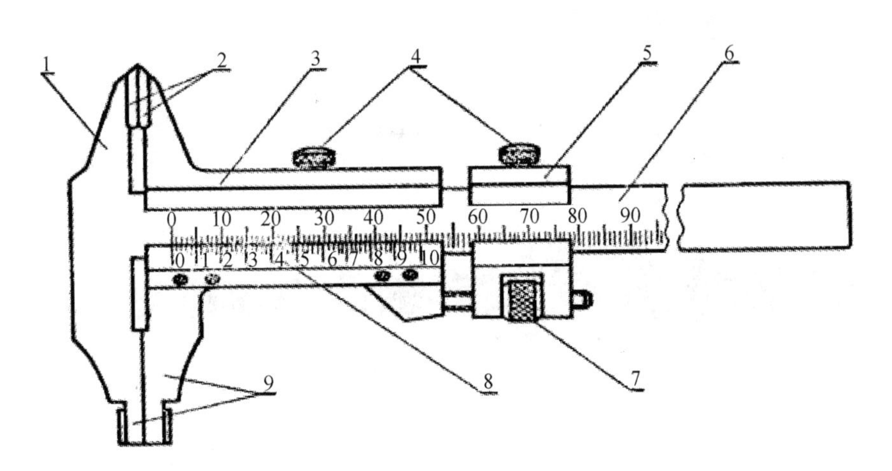

1：尺身　2：上量爪　3：尺框　4：紧固螺钉　5：微动装置　6：主尺　7：微动螺母　8：游标　9：下量爪

图 1 – 33　游标卡尺结构（2）

（3）测量范围大于300mm的游标卡尺，制成仅带有下量爪的形式，如图1－34所示。

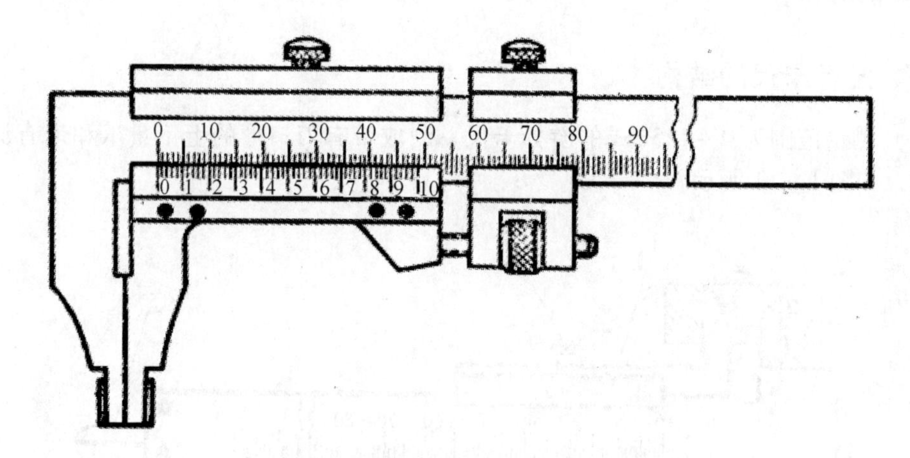

图1－34　游标卡尺结构（3）

（4）其他形式的游标卡尺。

带表卡尺结构如图1－35所示，带数显卡尺结构如图1－36所示。

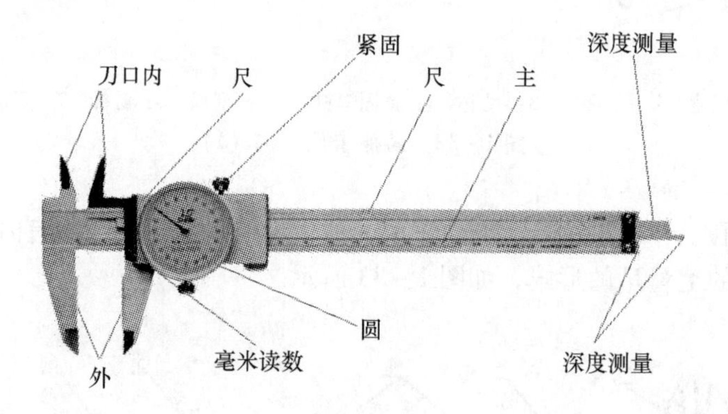

图1－35　带表卡尺结构

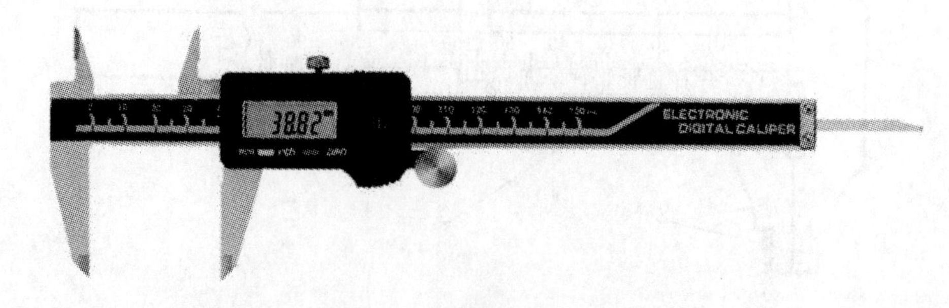

图1－36　带数显卡尺结构

二、读数方法

第一步，读出游标零刻线左边主尺上的毫米整数。

第二步，看游标的第几条刻线与主尺的刻线对齐，将游标上该刻线的序号乘以游标分度值（0.02 或 0.05），即得小数部分。也可以根据游标上标出的数字直接读出小数部分。

第三步，将毫米的整数与小数部分相加，即得被测尺寸读数。

例如图 1－37 所示被测尺寸，由尺身刻线读得为 32mm，再沿游标刻线找出与尺身刻线对齐位置“2”的右侧一格，即表示该被测尺寸为 32.22mm。

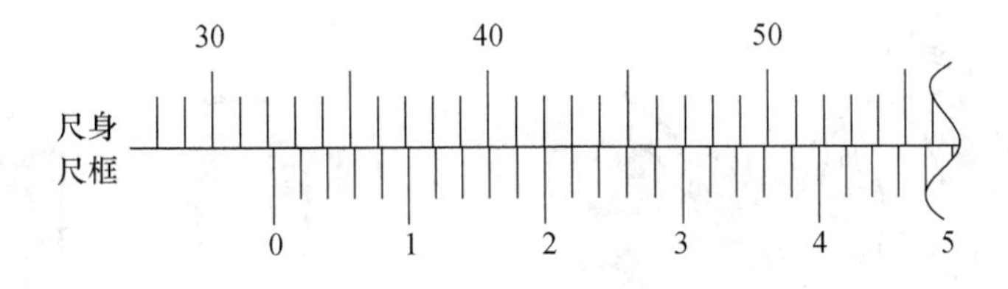

图 1－37　游标卡尺读数

三、卡尺的正确使用及日常保养

（1）检查量具是否有计量部门的确认标识，量具是否在有效期内。

（2）检查量具的各部分相互作用是否灵活。

（3）测量前，需用软净布将内外量爪的工作面擦干净，然后轻轻将内量爪的工作面贴合并观察游标零刻线是否与刻线对齐，对齐后才可以使用。

（4）当内量爪为圆柱形测量面时，在测量内尺寸时应把读数值加上量爪厚度作为测量结果。

（5）测量完毕应将量具擦干净放在量具盒中，存放的地点需注意防潮、防磁。

（6）为了获得正确的测量结果，可以多测量几次，即在零件的同一截面上的不同方向进行测量。对于较长零件，则应当在全长的各个部位进行测量，务必获得一个比较正确的测量结果。

四、顺口溜

为了使读者便于记忆，更好地掌握游标卡尺的使用方法，把上述提到的几个主要问题，整理成顺口溜，供读者参考。

量爪贴合无间隙，主尺游标两对零。

尺框活动能自如，不松不紧不摇晃。

测力松紧细调整，不当卡规用力卡。

量轴防歪斜，量孔防偏歪，

测量内尺寸，爪厚勿忘加。

面对光亮处，读数垂直看。

测量沟槽宽度与内孔时正确与错误位置范例如图 1－38、图 1－39 及图 1－40 所示。

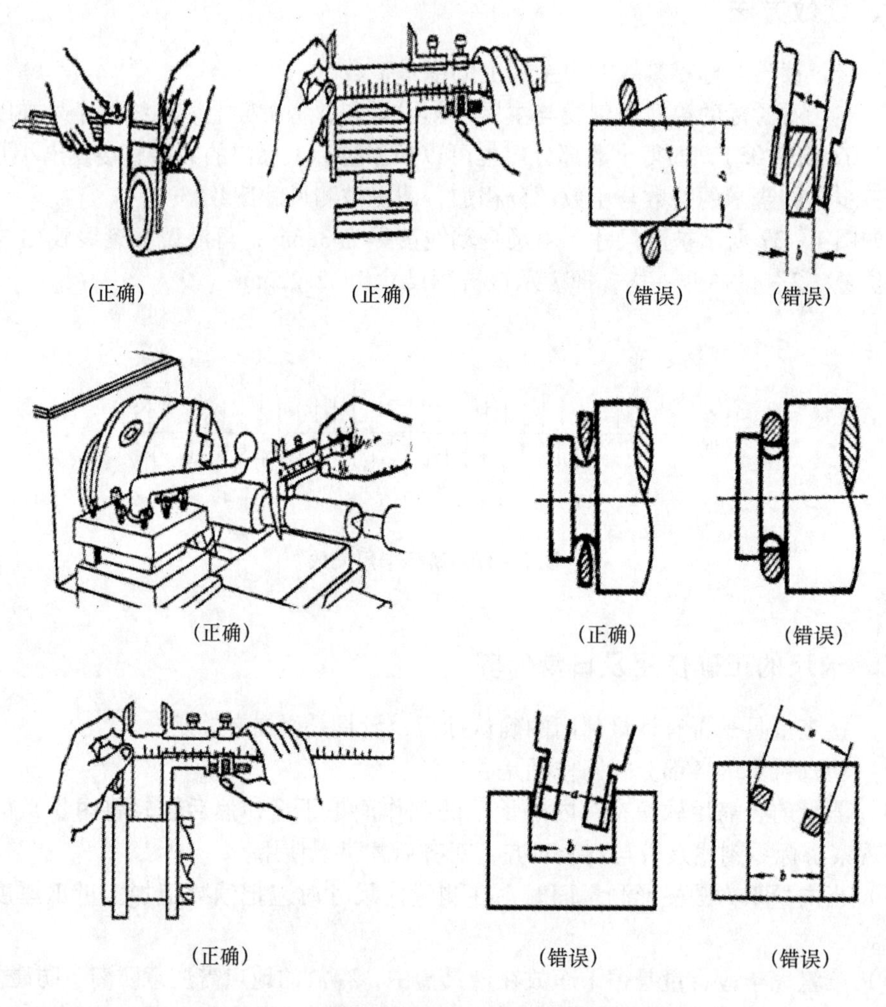

图 1－38　测量沟槽宽度时正确与错误的位置

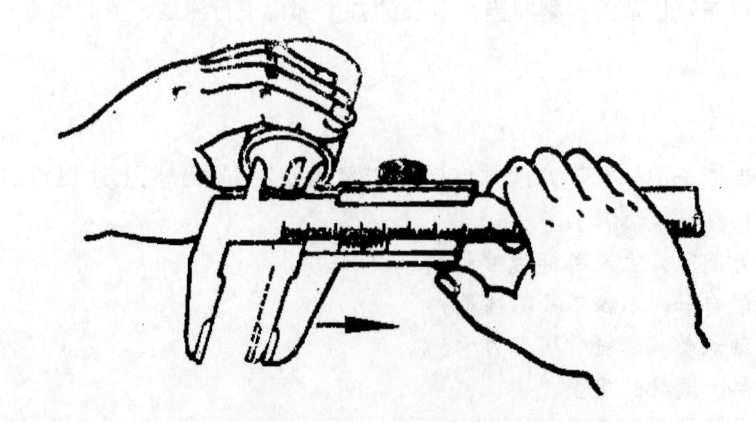

图 1－39　内孔的测量方法

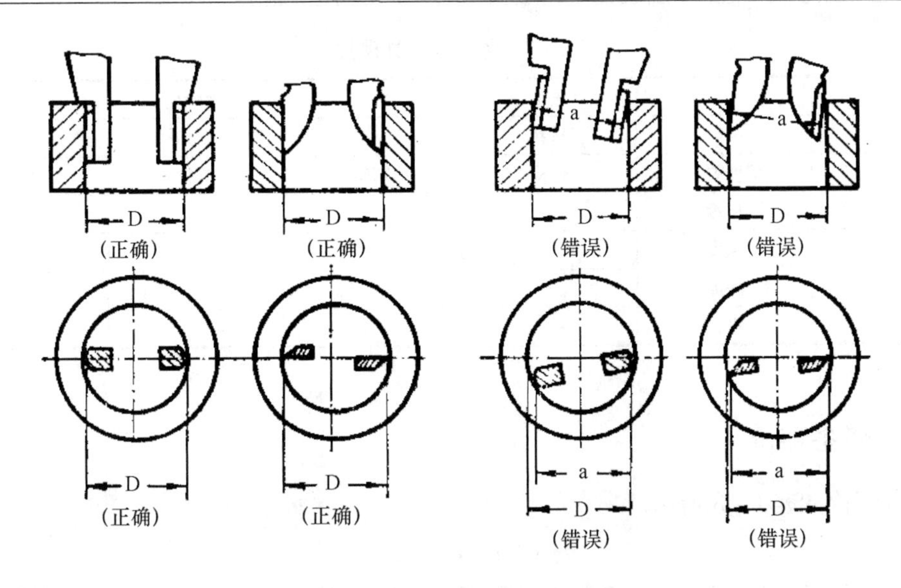

图 1-40　测量内孔时正确与错误的位置

【实习操作】

一、准备工作

0～125mm 的游标卡尺，一些零件或东西（如书本、碳素笔、碳素笔芯等）。

二、目的

掌握游标卡尺的正确使用方法。

三、操作

1. 练习握法

右手握住尺身，大拇指放在游标移动件上，其余四指握住游标卡尺尺身。

2. 检查精度

检查测量面接触是否良好，要求透光微弱、均匀，同时看尺身与游标的零线是否对齐。若不符，说明有误差，测量不准确。

3. 尺寸测量和读数

外形尺寸的测量：书本的厚度（可算出一张纸的厚度）、碳素笔套的外径、碳素笔芯的外径等。

内部尺寸的测量：碳素笔套的内径、碳素笔芯的内径等。

深度尺寸的测量：碳素笔套的深度。

【任务评价】

一、游标卡尺测量报告

游标卡尺测量报告如表 1-7 所示。

表 1－7　游标卡尺测量报告

零件图号		送检		检验员	
零件名		材料		日期	
序号	精度要求	自检	判定	互检	判定
1	长度				
2	宽度				
3	深度				
4	直径				

二、任务评价

任务评价如表 1－8 所示。

表 1－8　任务评价表

序号	考核项目	考核内容和要求	配分	评分标准	检测结果	得分
1	加工准备	工、量具清单完整	5	缺 1 项扣 1 分		
		工作服穿着完整	5	酌情扣分		
		工、量具摆放整齐	5	酌情扣分		
2	尺寸精度	长度	15	超差不得分		
		宽度	15	超差不得分		
		深度	15	超差不得分		
		直径	15	超差不得分		
3	操作规范	量具操作正确性	10	酌情扣分		
		量具使用正确性	10	酌情扣分		
4	文明生产	操作文明安全，工完场清	5	酌情扣分		
5	完成时间			每超过 10min 扣 2 分，超过 30min 为不及格		
总配分			100	总得分		

【任务思考】

游标卡尺的使用是否存在问题？

任务 4　千分尺的使用

【学习要求】

（1）掌握千分尺的结构和功用。

（2）掌握千分尺的正确测量方法。

（3）熟练地读取千分尺的测量数值。

(4) 熟悉千分尺的维护。

【知识准备】

千分尺的测量精度比游标卡尺高，常用的螺旋读数有百分尺和千分尺两种。百分尺的读数值为0.01mm，千分尺的读数值为0.001mm。工厂习惯把百分尺和千分尺统称为百分尺。

一、百分尺结构

百分尺结构示意图如图1-41所示。

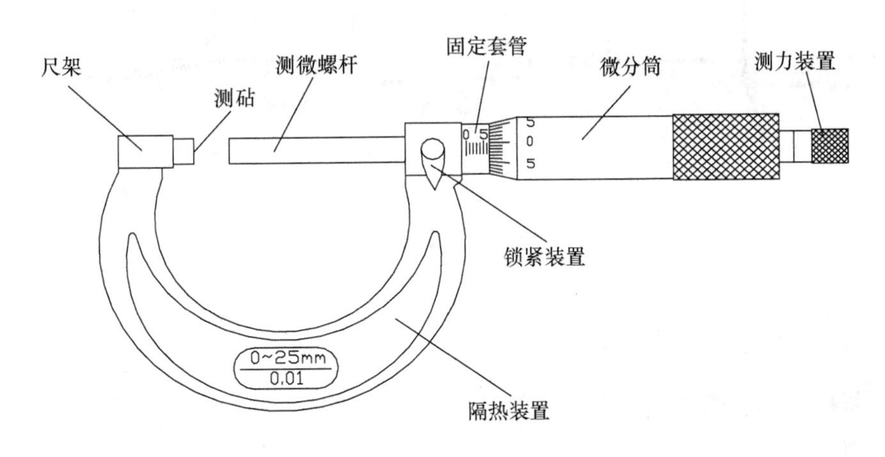

图1-41　百分尺结构示意图

二、千分尺的工作原理

千分尺包括测微螺杆与螺纹轴套，当测微螺杆在螺纹轴套中旋转时，测微螺杆就会轴向移动，如测微螺杆按顺时针的方向旋转一周，两测砧面之间的距离就缩小一个螺距。常用千分尺测微螺杆的螺距为0.5mm，当测微螺杆顺时针旋转一周时，两测砧面之间的距离就缩小0.5mm。当测微螺杆顺时针旋转不到一周时，缩小的距离就小于一个螺距，它的具体数值可从与测微螺杆结成一体的微分筒的圆周刻度上读出。微分筒的圆周上刻有50个等分线，当微分筒转一周时，测微螺杆就推进或后退0.5mm，微分筒转过它本身圆周刻度的一小格时，两测砧面之间转动的距离为：0.5÷50=0.01（mm）。

三、千分尺读数方法

被测值的整数部分要在主刻度上读［以微分筒（辅刻度）端面主刻度的上刻线位置来确定］，小数部分在微分筒和固定套管（主刻度）的下刻线上读。常用千分尺测微螺杆的螺距为0.5mm。当下刻线出现时，小数值=0.5+微分筒上读数；当下刻线未出现时，小数值=微分筒上读数。

被测值=整数值+小数值

A. 微分筒上读数（下刻线未出现）。

B. 0.5+微分筒上读数（下刻线出现）。

如图1-42（a）所示，在固定套管上读出的尺寸为8mm，微分筒上读出的尺寸为27（格）×0.01mm =0.27mm，上两数相加即得被测零件的尺寸为8.27mm；图1-42（b），在固定套管上读出的尺寸为8.5mm，在微分筒上读出的尺寸为27（格）×0.01mm = 0.27mm，上两数相加即得被测零件的尺寸为8.77mm。

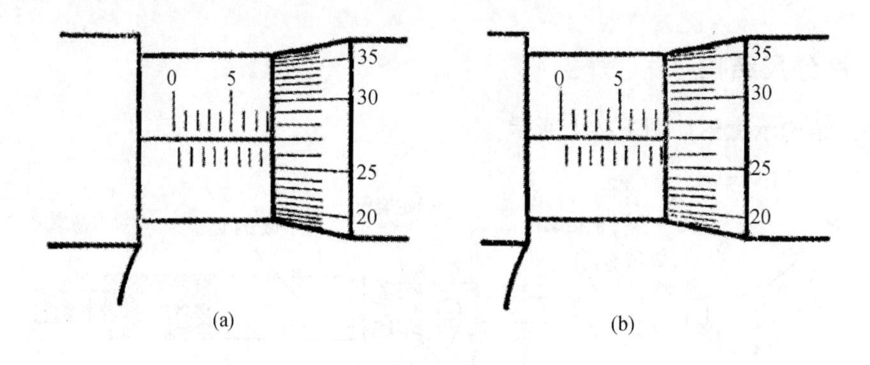

图1-42　千分尺的读数

四、千分尺使用注意事项

（1）根据要求选择适当量程的千分尺。

（2）清洁千分尺的尺身和测砧。

（3）把千分尺安装于千分尺座上，固定好后校对零线。

（4）将被测零件放到两工作面之间，调微分筒，工作面快接触到被测零件后，调测力装置，直到听到三声“咔、咔、咔”声响时停止。

（5）测量完毕后，转动微分筒使两测量面与被测零件表面脱离，退出时不要直接拉出或转动测力装置。

（6）使用完后，将其擦拭干净并放回量具盒内。

五、千分尺使用方法

（1）千分尺是一种精密的量具，使用时应小心谨慎，动作轻缓，不要让它受到击打和碰撞。千分尺内的螺纹非常精密，使用时要注意：

1）旋钮和测力装置在转动时都不能过分用力。

2）当转动旋钮使测微螺杆靠近待测物时，一定要改旋测力装置，不能转动旋钮使螺杆压在待测物上。

3）在测微螺杆与测砧已将待测物卡住或旋紧锁紧装置的情况下，绝不能强行转动旋钮。

（2）使用千分尺测同一长度时，一般应反复测量几次，取其平均值作为测量结果。

（3）千分尺用毕，应用纱布擦干净，在测砧与螺杆之间留出一点空隙，放入盒中。如长期不用可抹上黄油或机油，放置在干燥的地方。注意不要让它接触到腐蚀性的气体。

【实习操作】

一、准备工作

0～25mm、25～50mm、50～75mm、75～100mm 千分尺各一把，一组测量零件。

二、目的

掌握千分尺的正确使用方法。

三、操作

1. 练习握法

左手握住尺身，右手大拇指和食指握住测力装置。

2. 检查精度

检查零线是否对齐（除 0～25mm 以外，要借助标准测量头）。若不符，说明有误差，测量不准确。

3. 尺寸测量和读数

外形尺寸的测量：板的厚度、轴的外径。

【任务评价】

一、千分尺测量报告

表 1－9　千分尺测量报告

零件图号		送检		检验员	
零件名		材料		日期	
序号	精度要求	自检	判定	互检	判定
1	长度				
2	宽度				
3	高度				
4	直径				

二、任务评价

表 1－10　任务评价表

序号	考核项目	考核内容和要求	配分	评分标准	检测结果	得分
1	加工准备	工、量具清单完整	5	缺 1 项扣 1 分		
		工作服穿着完整	5	酌情扣分		
		工、量具摆放整齐	5	酌情扣分		

续表

序号	考核项目	考核内容和要求	配分	评分标准	检测结果	得分
2	尺寸精度	长度	15	超差不得分		
		宽度	15	超差不得分		
		高度	15	超差不得分		
		直径	15	超差不得分		
3	操作规范	量具操作正确性	10	酌情扣分		
		量具使用正确性	10	酌情扣分		
4	文明生产	操作文明安全，工完场清	5	酌情扣分		
5	完成时间			每超过10分钟扣2分，超过30分钟为不及格		
总配分			100	总得分		

【任务思考】

千分尺的使用是否存在问题？

任务5　锉削

【学习要求】

（1）了解锉刀的结构、种类、规格，能正确选择锉刀。
（2）了解锉削的姿势、要领，以及锉刀的握法。
（3）掌握锉削的注意事项。
（4）掌握长方体的锉削技能。
（5）掌握曲面的锉削方法。

【概述】

用锉刀对工件表面进行切削，使其达到零件图所要求的形状、尺寸和表面粗糙度的加工方法称为锉削，如图1-43所示。锉削加工简便，工件范围广，多用于錾削、锯削之后。可对工件上的平面、曲面、内外圆弧、沟槽以及其他复杂表面进行加工。其最高加工精度可达IT7~IT8级，表面粗糙度可达Ra=0.8μm。

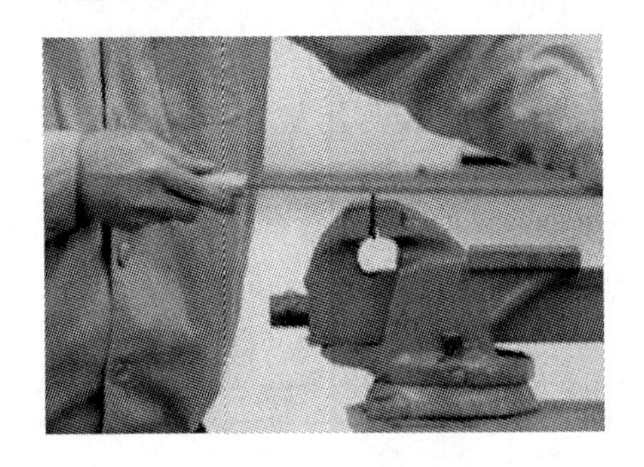

图 1-43　锉刀的使用

【知识准备】

一、锉削工具——锉刀

1. 锉刀的材料和组成

锉刀是锉削的主要工具，常用碳素工具钢 T12、T13 制成，并经热处理淬硬至 HRC 62 ~ 67。它由锉刀面、锉刀边、锉刀舌、锉刀尾、木柄等部分组成，如图 1-44 所示。

图 1-44　锉刀

2. 锉刀的种类

按用途来分，锉刀可分为普通锉、特种锉和整形锉（什锦锉）三类。普通锉按其截面形状可分为平锉、方锉、圆锉、半圆锉及三角锉五种，如图 1-45 所示。

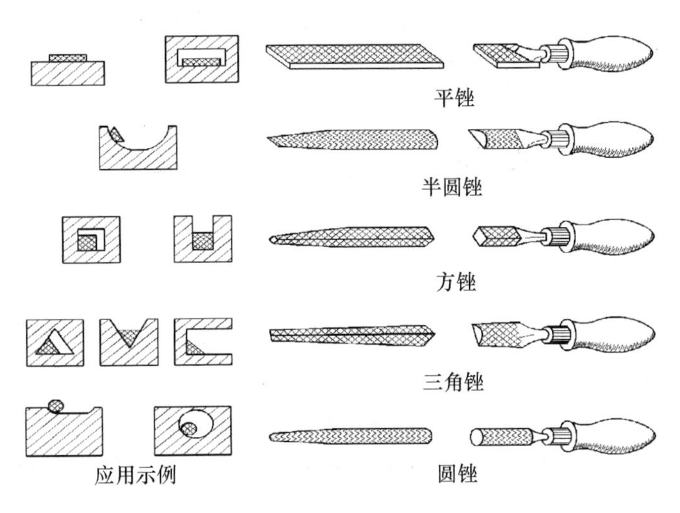

图 1-45　锉刀的种类

按其长度可分为100mm、150mm、200mm、250mm、300mm、350mm及400mm七种。按其齿纹可分单齿纹和双齿纹两种。按其齿纹粗细可分为粗齿、中齿、细齿、粗油光（双细齿）和细油光五种。

整形锉（什锦锉）主要用于精细加工及修整工件上难以机械加工的细小部位。它由若干把各种截面形状的锉刀组成一套，如图1－46所示。

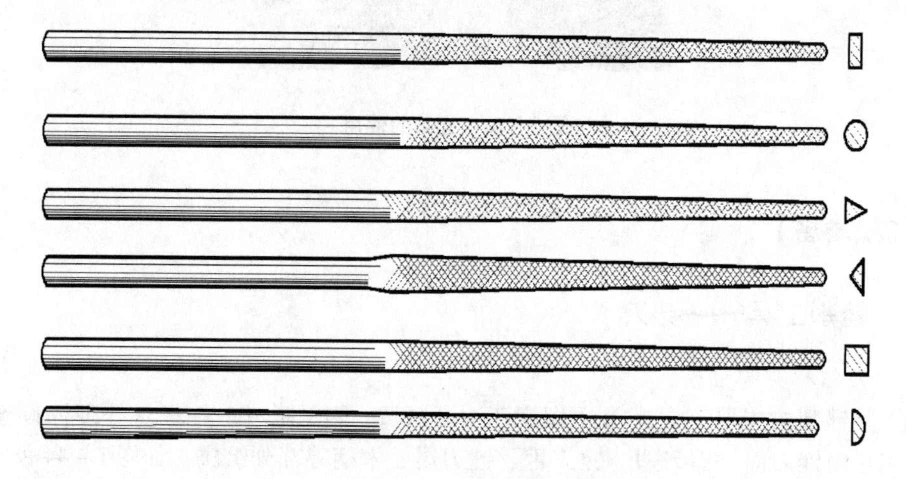

图1－46　整形锉

特种锉是加工零件上的特殊表面用的，分为直的和弯曲的两种，其截面形状很多，如图1－47所示。

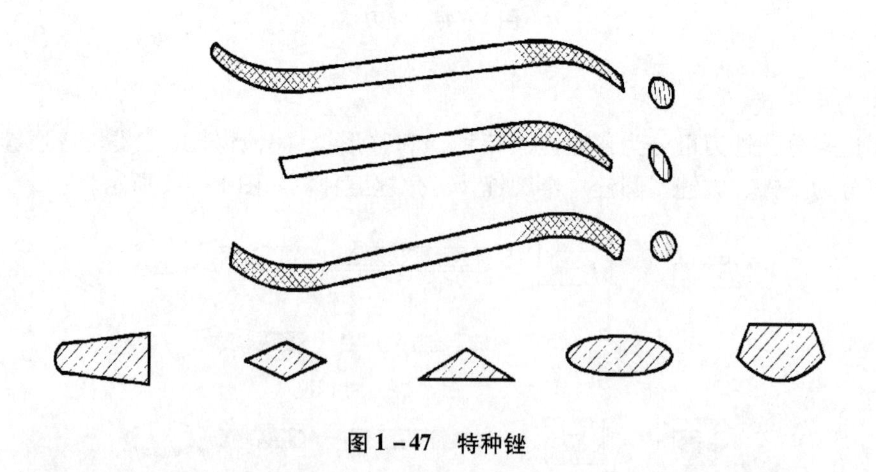

图1－47　特种锉

3. 锉刀的选用

合理选用锉刀，对保证加工质量、提高工作效率和延长锉刀寿命有很大的影响。

一般选择原则是：

（1）根据工件形状和加工面的大小选择锉刀的形状和规格。

（2）根据材料软硬、加工余量、精度和粗糙度的要求选择锉刀齿纹的粗细。

二、锉削的操作

1. 锉刀的握法

大锉刀的握法。右手手心抵着锉刀木柄的端头，大拇指放在锉刀木柄的上面，其余四指弯在下面，配合大拇指捏住锉刀木柄，左手则根据锉刀大小和用力的轻重，有多种姿势，如图 1－48 所示。

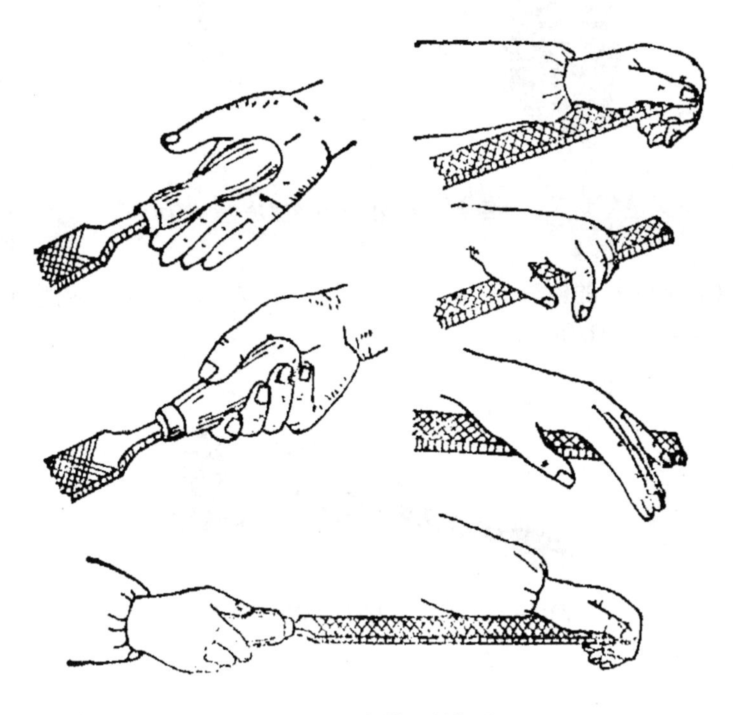

图 1－48　大锉刀的握法

中锉刀的握法。右手握法与大锉刀握法相同，左手用大拇指和食指捏住锉刀前端，如图 1－49 所示。

图 1－49　中锉刀的握法

小锉刀的握法。右手食指伸直，拇指放在锉刀木柄上面，食指靠在锉刀的刀边，左手几个手指压在锉刀中部，如图 1－50 所示。

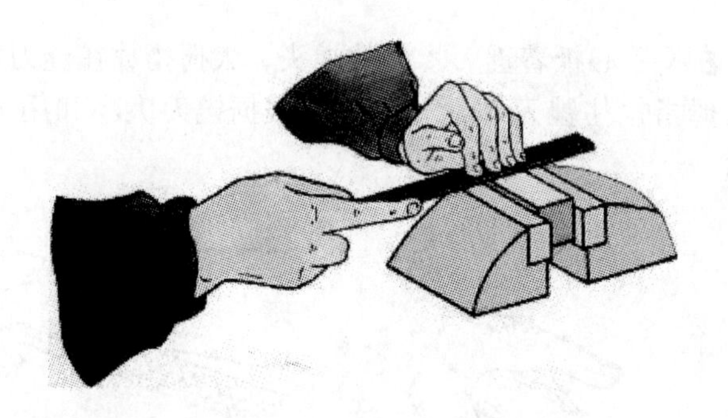

图 1－50　小锉刀的握法

更小锉刀（什锦锉）的握法。一般只用右手拿着锉刀，食指放在锉刀上面，拇指放在锉刀的左侧，如图 1－51 所示。

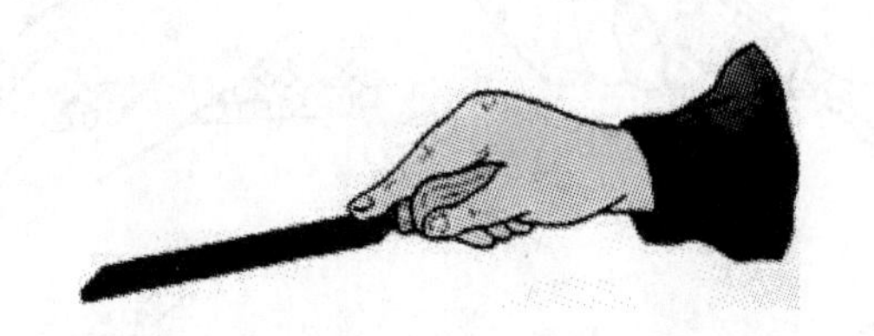

图 1－51　更小锉刀（什锦锉）的握法

2. 锉削的姿势

锉削的姿势如图 1－52 所示。

第一步，锉削时，两脚站稳不动，靠左膝的屈伸使身体做往复运动，手臂和身体的运动要互相配合，并使锉刀的全长充分利用。开始锉削时身体要向前倾 10°左右，左肘弯曲，右肘向后，如图 1－52（a）所示。

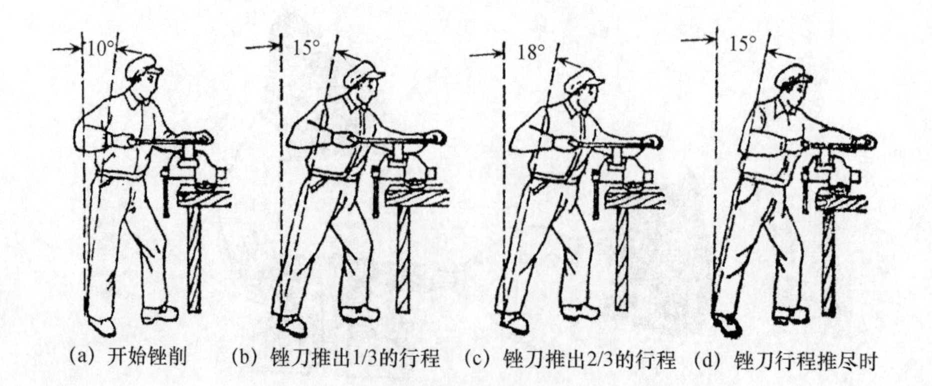

(a) 开始锉削　(b) 锉刀推出1/3的行程　(c) 锉刀推出2/3的行程　(d) 锉刀行程推尽时

图 1－52　锉削的姿势

第二步，锉刀推出1/3行程时，身体向前倾斜15°左右，如图1－52（b）所示，这时左腿稍弯曲，左肘稍直，右臂向前推。

第三步，锉刀推到2/3行程时身体逐渐倾斜到18°左右，如图1－52（c）所示。

第四步，左腿继续弯曲，左肘渐直，右臂向前使锉刀继续推进，直到推尽，身体随着锉刀的反作用退回到15°位置，如图1－52（d）所示。此过程结束后，将锉刀略微抬起，使身体与手恢复到开始时的姿势，如此反复。

3. 锉削力的运用

锉削力的正确运用，是锉削的关键。锉削的力量有水平推力和垂直压力两种。推力主要由右手控制，其力度必须大于锉削阻力才能锉去切屑。压力是由两手控制的，其作用是使锉齿深入金属表面。

两种压力大小也必须随着变化，两手压力对工件中心的力矩应相等，这是保证锉刀平直运动的关键。注意：随着锉推进，左手压力应由大逐渐减小，右手的压力则由小逐渐增大，到中间时两手相等，如图1－53所示。

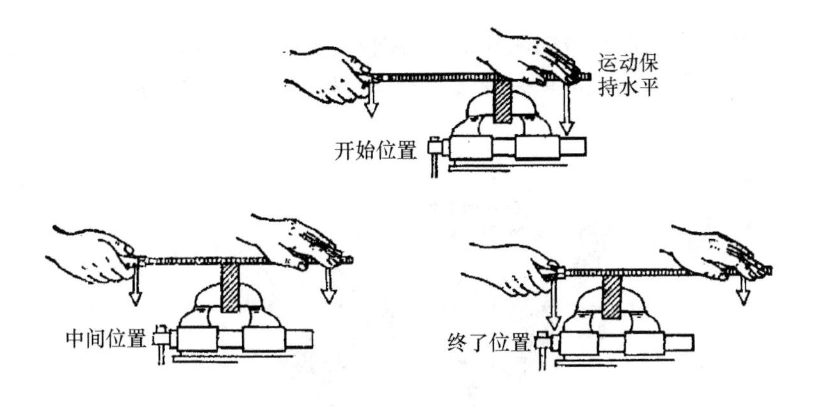

图1－53　锉削力的运用

锉削时，对锉刀的总压力不能太大，因为锉齿存屑空间有限，压力太大只能使锉刀磨损加快。但压力也不能过小，过小锉刀会打滑，达不到切削目的。一般是以在向前推进时手上有一种韧性感觉为适宜。

锉削速度一般为每分钟30～60次。太快，操作者容易疲劳，且锉齿易磨钝；太慢，切削效率低。

三、锉削加工方法

（一）平面锉削

这是最基本的锉削，常用的方法有三种，即顺向锉法、交叉锉法及推锉法。

1. 顺向锉法

锉刀沿着工件表面横向或纵向移动，锉削平面可得到正、直的锉痕，比较整齐美观，适用于锉削小平面和最后修光工件，如图1－54所示。

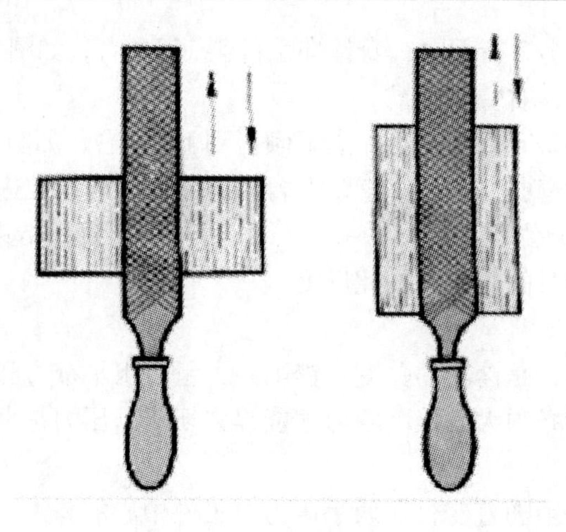

图 1－54 顺向锉法

2. 交叉锉法

交叉锉法是以交叉的两个方向顺序对工件进行锉削。由于锉痕是交叉的，容易判断锉削表面的不平程度，因而也容易把表面锉平。交叉锉法去屑较快，适用于平面的粗锉，如图 1－55 所示。

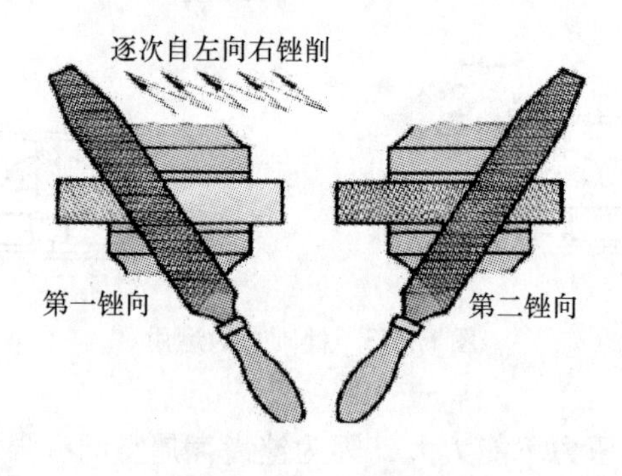

图 1－55 交叉锉法

3. 推锉法

两手对称地握住锉刀，用两个大拇指推锉刀进行锉削。这种方法适用于表面较窄且已经锉平、加工余量很小的情况下，可修正尺寸和减小表面粗糙度，如图 1－56 所示。

（二）圆弧面（曲面）的锉削

1. 外圆弧面锉削

锉刀要同时完成两个动作：锉刀的前推运动和绕圆弧面中心的转动，如图 1－57 所示。前推是完成锉削，转动是保证锉出圆弧形状。常用的外圆弧面锉削方法有两种：滚锉法和横锉法。

滚锉法是使锉刀顺着圆弧面锉削，此法用于精锉外圆弧面。

横锉法是使锉刀横着圆弧面锉削，此法用于粗锉外圆弧面或不能用滚锉法的情况下。

图 1－56 推锉法

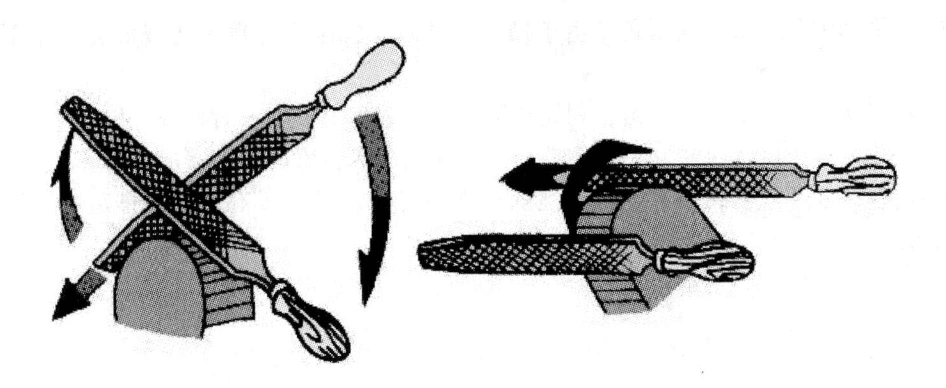

图 1－57 外圆弧面锉削

2. 内圆弧面锉削

锉刀要同时完成三个动作：锉刀的前推运动、锉刀的左右移动和锉刀自身的转动，否则，锉不好内圆弧面，如图 1－58 所示。

图 1－58 内圆弧面锉削

（三）通孔的锉削

根据通孔的形状、工件材料、加工余量、加工精度和表面粗糙度来选择所需的锉刀，如图 1－59 所示。

图 1-59 通孔的锉削

四、锉削质量与质量检查

1. 锉削质量问题

（1）平面中凸、塌边和塌角。由于操作不熟练，锉削力运用不当或锉刀选用不当而造成。

（2）形状、尺寸不准确。由于划线错误或锉削过程中没有及时检查工件尺寸而造成。

（3）表面较粗糙。由于锉刀粗细选择不当或锉屑卡在锉齿间而造成。

（4）锉掉了不该锉的部分。由于锉削时锉刀打滑，或者没有注意带锉齿工作边和不带锉齿的光边而造成。

（5）工件被夹坏。这是由于在台虎钳上夹持不当而造成的。

2. 锉削质量检查

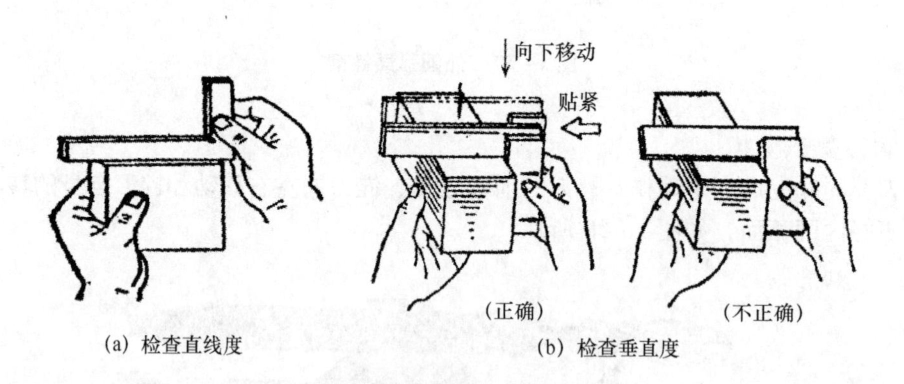

(a) 检查直线度　(b) 检查垂直度

图 1-60 锉削质量检查

（1）检查直线度。用钢尺和直角尺以透光法检查，如图 1-60（a）所示。

（2）检查垂直度。用直角尺采用透光法检查，应先选择基准面，然后对其他各面进行检查，如图 1-60（b）所示。

（3）检查尺寸。用游标卡尺在全长不同的位置上测量几次。

（4）检查表面粗糙度。一般用眼睛观察即可，如要求准确，可用表面粗糙度样板对照检查。

五、锉削操作要点

操作时要把注意力集中在以下两方面：

（1）操作姿势、动作要正确。

（2）两手用力方向、大小变化正确、熟练。要经常检查加工面的平面度和直线度情况，用以判断和改进锉削时的施力变化，逐步掌握平面锉削的技能。

六、锉削操作时应注意事项

（1）不准使用无柄锉刀锉削，以免被锉舌戳伤手。

（2）不准用嘴吹锉屑，以防锉屑飞入眼中。

（3）锉削时，锉刀柄不要碰撞工件，以免锉刀柄脱落伤人。

（4）放置锉刀时不要把锉刀露出钳台外面，以防锉刀落下砸伤操作者。

（5）锉削时不可用手摸被锉过的工件表面，以防手上油污会使锉削时锉刀打滑而造成事故。

（6）锉刀齿面塞积锉屑后，用钢丝刷顺着锉纹方向刷去锉屑。

【实习操作】

◆长方体的锉削

一、准备工作

300mm 粗齿平锉刀、250mm 细齿平锉刀、刀口尺、90°角尺、125mm 游标卡尺、高度尺、铜丝刷、毛刷。

二、目的

（1）掌握锉刀的握法、动作要领、锉削力的运用和锉削方法。

（2）掌握长方体的锉削操作。

（3）掌握锉刀的使用维护。

三、操作

1. 工件夹持

长方体工件毛坯夹持在台虎钳中部，高出钳口约 10～20mm。

2. 锉削操作

（1）先用 300mm 粗齿平锉刀粗锉，再用 250mm 细齿平锉刀精锉，锉出一条基准面。注意用刀口尺和 90°角尺检查基准面的平面度和垂直度。

（2）同样经粗锉和精锉，锉与基准面相邻的一毛坯面。注意用刀口尺检查其自身平面度；用 90°角尺检查和基准面的垂直度以及和上下大平面的垂直度。

（3）同样经粗锉和精锉，锉与基准面相邻的另一毛坯面。注意用刀口尺检查其自身平面度；用 90°角尺检查和基准面的垂直度以及和上下大平面的垂直度；用 125mm 游标卡尺测量和对边的长度，保证长度为 60mm。

（4）同样经粗锉和精锉，锉与基准面相对的另一毛坯面。注意用刀口尺检查其自身平面度；用 90°角尺检查和相邻面的垂直度以及和上下大平面的垂直度；用 125mm 游标卡尺测量和对边的长度，保证长度为 70mm。

【任务评价】

一、长方体锉削检验报告

表 1－11　长方体锉削检验报告

零件图号		送检		检验员	
零件名	长方体	材料	Q235	日期	
序号	精度要求	自检	判定	互检	判定
1	长度 70 mm				
2	宽度 60 mm				
3	平行度公差 0.10mm				
4	垂直度公差 0.10mm				
5	表面粗糙度值 Ra3.2				

二、任务评价

表 1－12　任务评价表

序号	考核项目	考核内容和要求	配分	评分标准	检测结果	得分
1	加工准备	工、量具清单完整	5	缺 1 项扣 1 分		
		工作服穿着完整	5	酌情扣分		
		工、量具摆放整齐	5	酌情扣分		
2	尺寸精度	长度 70mm	15	超差不得分		
		长度 60mm	15	超差不得分		
3	几何公差	平行度公差 0.10 mm	10	超差不得分		
		垂直度公差 0.10 mm	20	超差不得分		
4	表面粗糙度值	Ra 3.2	10	每面超差扣 1 分		
5	操作规范	锉削操作正确性	5	酌情扣分		
		工量具使用正确性	5	酌情扣分		
6	文明生产	操作文明安全，工完场清	5	酌情扣分		
7	完成时间			每超过 10 分钟扣 2 分，超过 30 分钟为不及格		
总配分			100	总得分		

【任务思考】

为什么通常锉削平面时都会出现中间凸起、两边低的现象？

任务6　錾削

【学习要求】

(1) 了解錾子的结构、种类，能正确选择錾子。
(2) 了解錾削的姿势、要领，以及錾子的握法。
(3) 掌握錾削的注意事项。

【概述】

錾削是用手锤打击錾子对金属进行切削加工的操作方法，如图1－61所示。

图1－61　錾削操作

(1) 錾削的作用就是錾掉或錾断金属，使其达到所需的形状和尺寸。

(2) 錾削加工具有很大的灵活性，它不受设备、场地的限制，可以在其他设备无法完成加工的情况下进行操作。

(3) 目前，一般用在凿油槽、刻模具和錾断板料等方面。它是钳工需要掌握的基本操作技能之一。

【知识准备】

一、錾削工具

錾削工具主要是錾子和手锤，如图1－62所示。

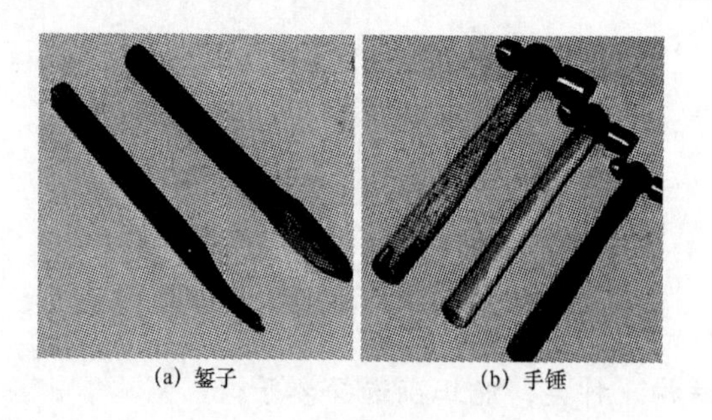

图 1－62　錾削工具

（一）錾子

1. 錾子的材料

錾子一般由碳素工具钢 T7 或 T8 经过锻造后，再进行刃磨和热处理而制成。其硬度要求是切削部分为 HRC52～57，头部为 HRC32～42。

2. 錾子的结构

它由切削刃、斜面、柄部和头部四个部分组成，如图 1－63 所示。

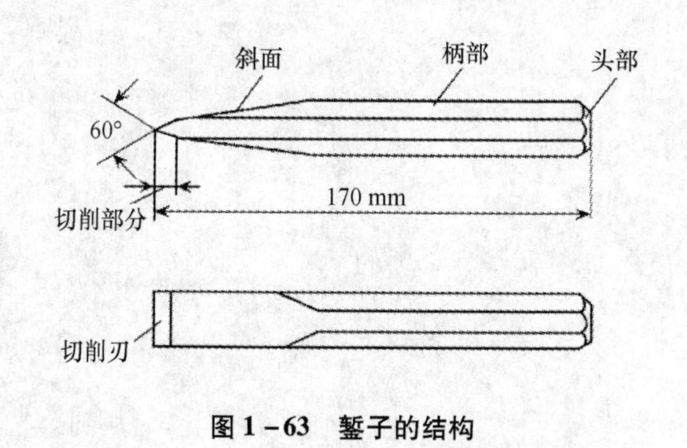

图 1－63　錾子的结构

3. 錾子的分类

柄部一般做成八棱形，头部近似为球面形，全长 170mm 左右，直径为 18～20mm。常用的錾子有扁錾、尖錾和油槽錾，如图 1－64 所示。

（二）手锤由锤头和锤柄组成

1. 手锤的材料

锤头一般由碳素工具钢制成，并经过热处理淬硬。锤柄一般由坚硬的木材制成，且粗细和强度应该适当，应和锤头的大小相称。

2. 手锤的规格

手锤的规格通常以锤头的质量来表示，有 0. 25kg、0. 5kg、0. 75kg、1kg 等多种。为了防止手锤在操作过程中脱落伤人，木柄装入锤孔后必须打入楔子，如图 1－65 所示。

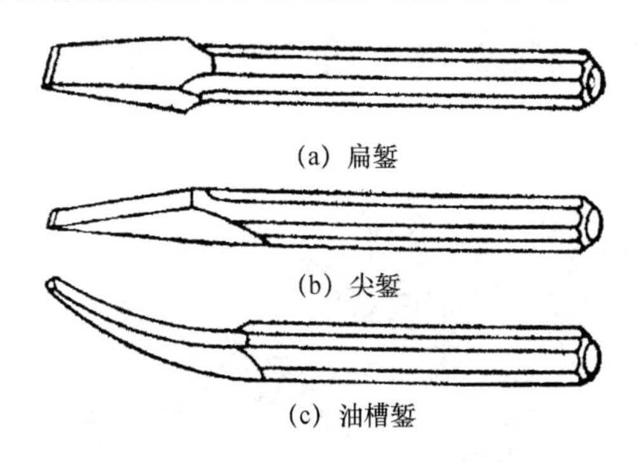

图 1－64　錾子的分类

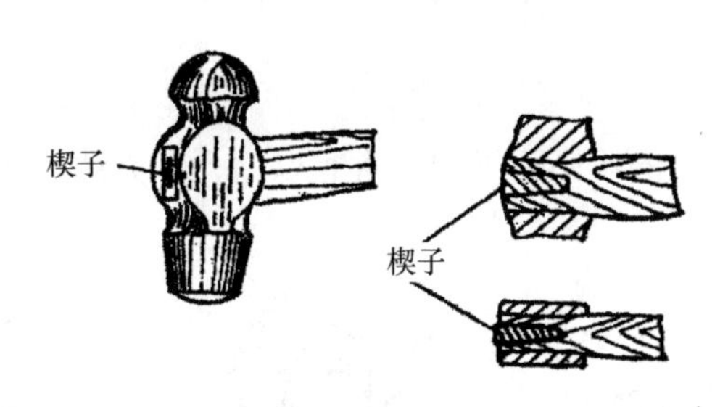

图 1－65　手锤的紧固结构

二、錾削操作

(一) 手锤的握法

錾削时，右手握锤有两种方法，即松握法和紧握法。

(1) 松握法：只有大拇指和食指始终紧握锤柄。在锤打时中指、无名指和小指依次握紧锤柄；挥锤时则相反，小指、无名指和中指依次放松。这种握法锤击力大，且手不易疲劳，如图 1－66 所示。

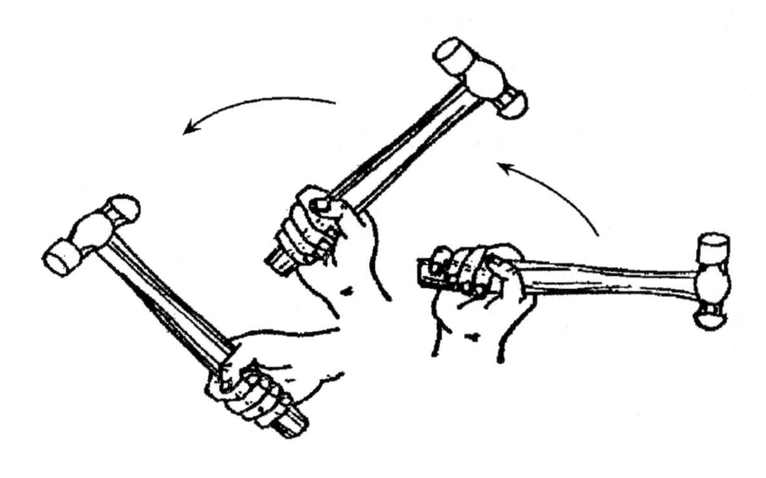

图 1－66　手锤松握法

（2）紧握法：用右手五指紧握锤柄，大拇指放在食指上。锤打和挥锤时，五个手指的握法不变，如图 1－67 所示。

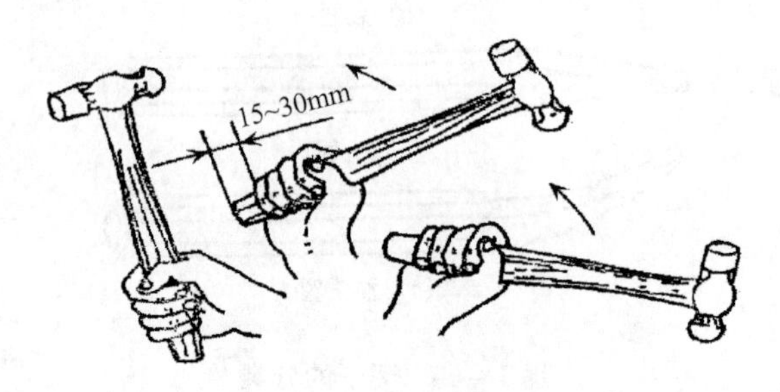

图 1－67　手锤紧握法

（二）錾子的握法

錾子的握法随工作条件的不同而不同，常有以下几种方法，如图 1－68 所示。

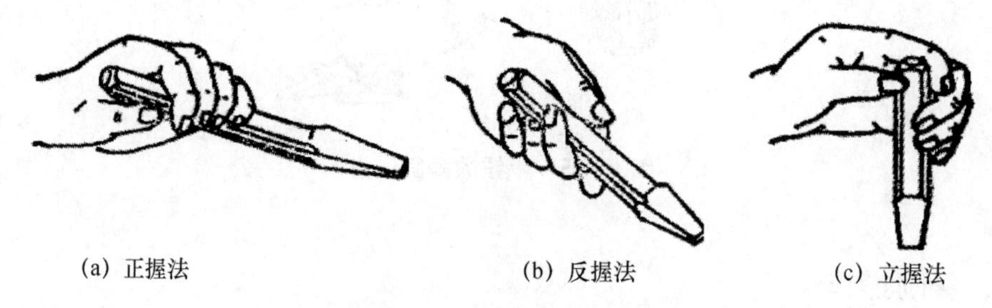

(a) 正握法　(b) 反握法　(c) 立握法

图 1－68　錾子的握法

（1）正握法：手心向下，用虎口夹住錾身，拇指和食指自然伸开，其余三指自然弯曲靠拢，握住錾身。这种握法适于在平面上进行錾削。

（2）反握法：手心向上，手指自然握住錾柄，手心悬空。这种握法适用于小的平面或侧面錾削。

（3）立握法：虎口向上，拇指放在錾子的一侧，其余四指放在另一侧捏住錾子。这种握法适于垂直錾切工件，如在铁砧上錾断材料等。

（三）挥锤的方法

挥锤的方法有三种，即腕挥、肘挥和臂挥三种，如图 1－69 所示。

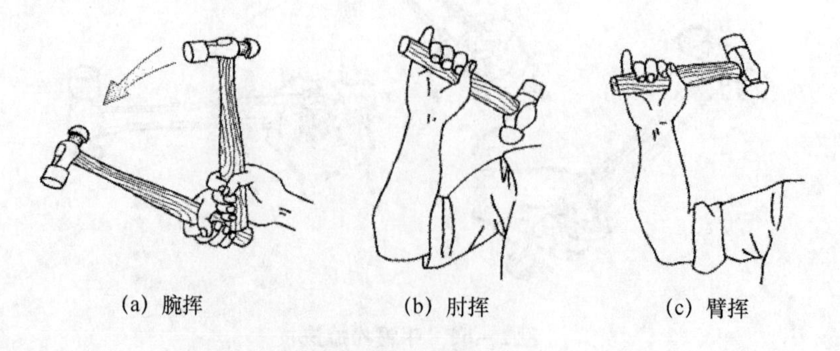

(a) 腕挥　(b) 肘挥　(c) 臂挥

图 1－69　挥锤的方法

（1）腕挥：只是手腕的运动挥锤，锤击力较小。一般用于錾削的开始和收尾，或油槽、打样冲眼等用力不大的地方。

（2）肘挥：用手腕和肘部一起挥锤，它的运动幅度大，锤击力较大，应用广泛。

（3）臂挥：用手腕、肘部和整个臂一起挥动，其锤击力大，用于需要大力錾削的场合。

（四）錾削时的步位和姿势

錾削时，操作者的步位和姿势应便于用力。身体的重心偏于右腿，挥锤要自然，眼睛要正视錾刃，而不是看錾子的头部，正确姿势如图 1－70 所示。

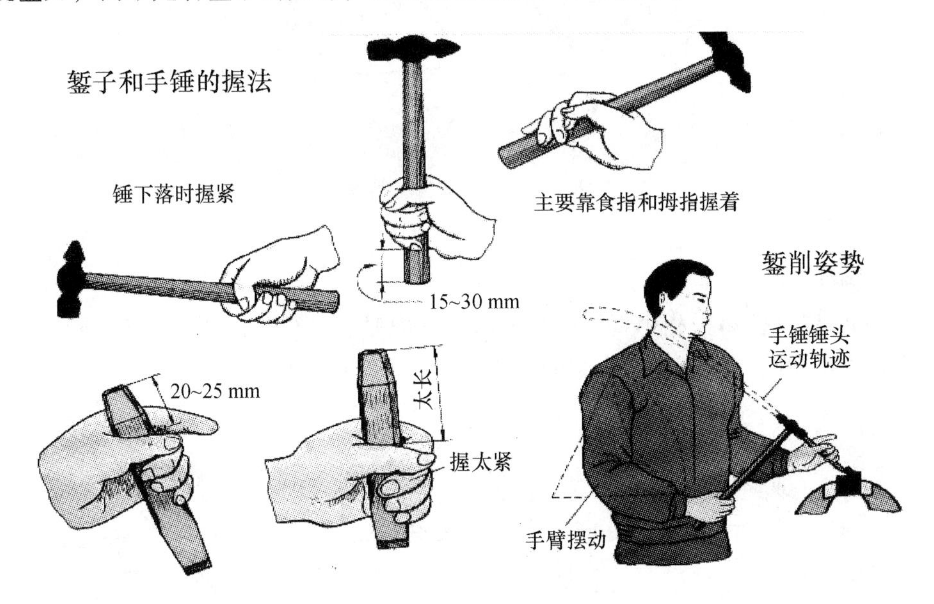

图 1－70　手锤握法和錾削姿势

三、錾削的方法

（一）錾平面

较窄的平面可用平錾进行，每次厚度为 0.5～2mm。对于宽平面，应先用窄錾开槽，再用平錾錾平，如图 1－71 所示。

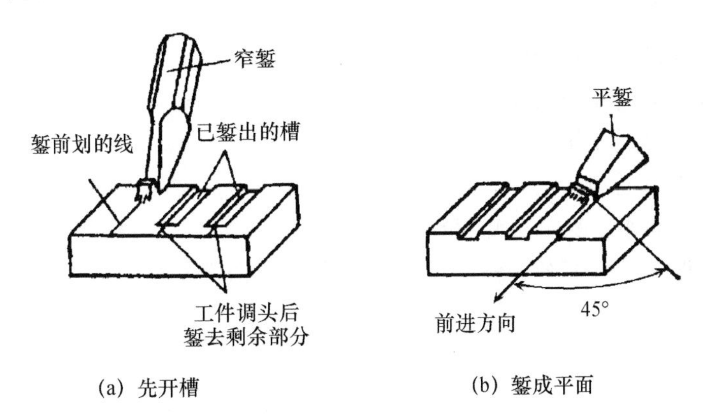

(a) 先开槽　　(b) 錾成平面

图 1－71　錾平面的方法

（二）錾油槽

錾油槽时，要先选与油槽同宽的油槽錾錾削。必须使油槽錾得深浅均匀，表面平滑，如图 1－72 所示。

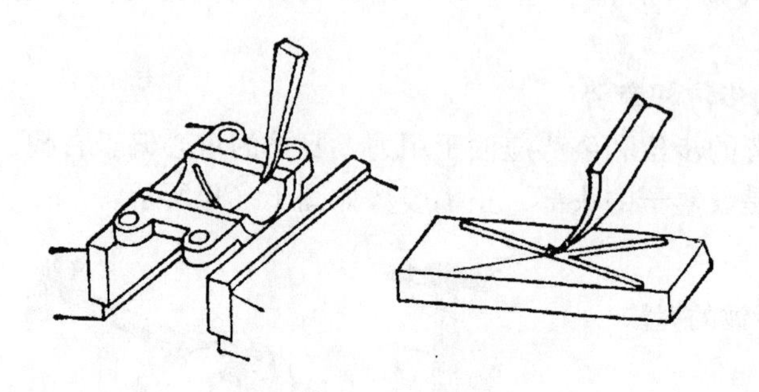

图 1－72　錾油槽的方法

（三）錾断

錾断 4mm 以下的薄板和小直径棒料可以在台虎钳上进行，如图 1－73（a）所示。对于较长或较大的板料，可在铁砧上錾断，如图 1－73（b）所示。

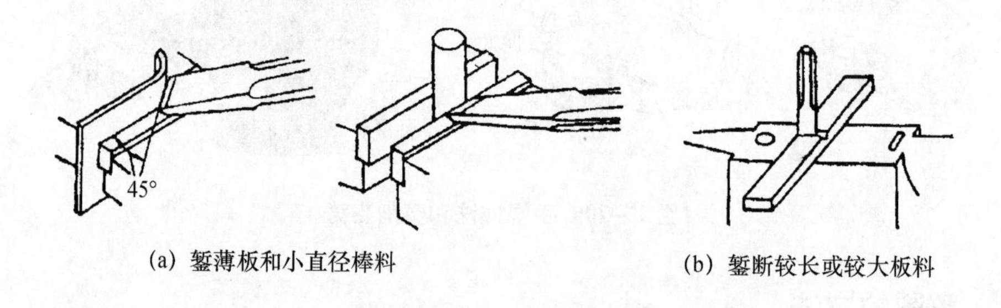

(a) 錾薄板和小直径棒料　　(b) 錾断较长或较大板料

图 1－73　錾断的方法

四、注意事项

（1）先检查錾口是否有裂纹。
（2）检查锤子手柄是否有裂纹，锤子与手柄是否有松动。
（3）不要正面对人操作。
（4）錾头不能有毛刺。
（5）操作时不能戴手套，以免打滑。
（6）錾削临近终了时要减力锤击，以免用力过猛伤手。

【实习操作】

一、准备工作

手锤、錾子、划针、钢直尺及一些板料。

二、目的

（1）掌握锤子的正确握法和挥锤的方法。

（2）掌握錾子的握法、錾削动作的协调。

（3）掌握錾削中的注意事项。

三、操作

1. 台虎钳上錾削板料（一般 2mm 以下）

（1）划线约 20mm。

（2）夹持板料使所划线条与钳口平齐。

（3）錾削时，錾子与板料成 45°，自由向左錾削。

2. 铁砧子上錾削板料（4mm 以下）

（1）划线，从板料中心划一条直线。

（2）将板料放在铁砧上，垫上垫铁。将錾子刃口磨成稍带弧形。

（3）先用腕挥挥锤，立握錾，按加工线錾出浅痕，再用肘挥錾断板料。

3. 轮廓复杂的板料錾切

（1）划出加工线（一般为内部几何形状）。

（2）在工件轮廓周围钻出密集的排孔。

（3）用扁錾或狭錾錾削。

【任务评价】

一、錾削检验报告

表 1－13　錾削检验报告

零件图号		送检		检验员	
零件名		材料	Q235	日期	
序号	精度要求	自检	判定	互检	判定
1	宽度 20mm				
2	錾削精度 1				
3	錾削精度 2				

二、任务评价

表 1－14　任务评价表

序号	考核项目	考核内容和要求	配分	评分标准	检测结果	得分
1	加工准备	工、量具清单完整	5	缺 1 项扣 1 分		
		工作服穿着完整	5	酌情扣分		
		工、量具摆放整齐	5	酌情扣分		
2	尺寸精度	宽度 20mm	20	超差不得分		
3	几何公差	平行度公差 0.10 mm	20	超差不得分		
		直线度公差 0.10 mm	20	超差不得分		
4	表面粗糙度值		10	酌情扣分		
5	操作规范	錾削操作正确性	5	酌情扣分		
		工具使用正确性	5	酌情扣分		
6	文明生产	操作文明安全，工完场清	5	酌情扣分		
7	完成时间			每超过 10 分钟扣 2 分，超过 30 分钟为不及格		
总配分			100	总得分		

【任务思考】

錾削工具的使用是否存在问题？

项目二　六角螺母的制作

【学习任务】

完成六角螺母的加工。毛坯料为圆柱料，如图 2 –1（a）所示，经加工后六角螺母的外形如图 2 –1（b）所示。其加工要求如图 2 –2 所示。

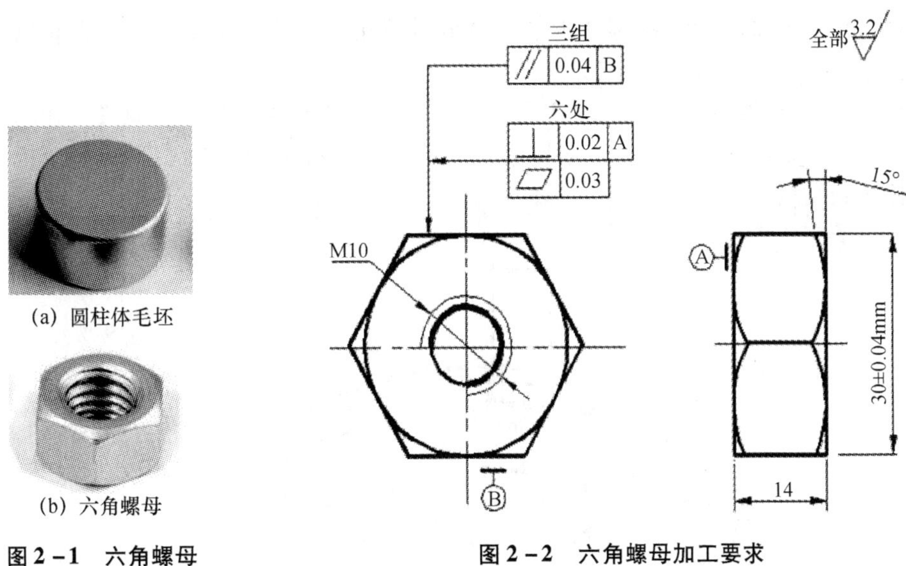

(a) 圆柱体毛坯

(b) 六角螺母

图 2 –1　六角螺母

图 2 –2　六角螺母加工要求

【学习要求】

通过六角螺母的制作训练，掌握划线、锯削、锉削、錾削、钻孔、攻螺纹、套螺纹的基础知识和正确的操作技能，明确划线、锯削、锉削、錾削、钻孔、攻螺纹、套螺纹操作中的注意事项，形成规范。

【工艺分析】

要完成六角螺母的制作，须按照以下工艺过程进行：

划线→锯削→锉削→钻孔→攻螺纹。

任务7　万能角度尺的使用

【学习要求】

（1）掌握万能角度尺的结构。

（2）能识读万能角度尺。

（3）能对万能角度尺进行维护。

【知识准备】

一、万能角度尺的结构

万能角度尺是用来测量精密零件内外角度或进行角度划线的角度量具，它有以下几种，如游标量角器、万能角度尺等。

万能角度尺的读数结构，如图2－3所示，由刻有基本角度刻线的尺座1，和固定在扇形板6上的游标3组成。扇形板可在尺座上回转移动（有制动器5），形成和游标卡尺相似的游标读数结构。

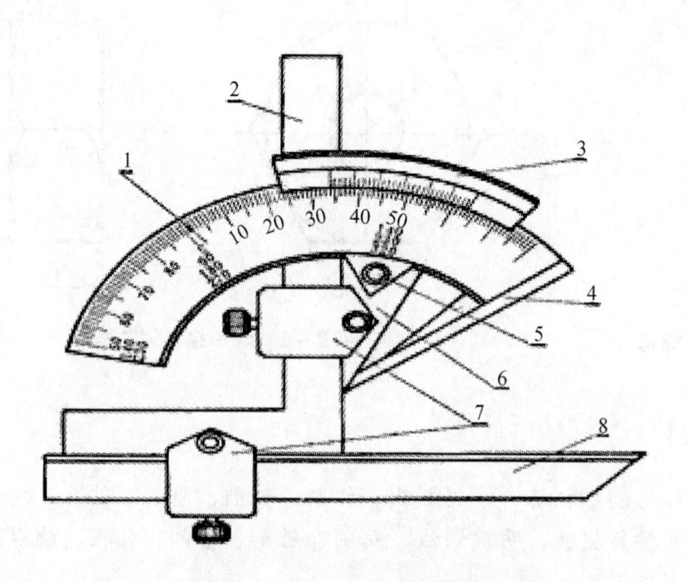

图2－3　万能角度尺的读数结构

二、万能角度尺的刻线原理

万能角度尺尺座上的刻度线每格为1°。由于游标上刻有30格，所占的总角度为29°，因此，两者每格刻线的度数差是：

$$1° - \frac{29°}{30} = \frac{1°}{30} = 2'$$

即万能角度尺的精度为 2′。

三、万能角度尺的读数

万能角度尺的读数方法和游标卡尺相同，先读出游标零线前的角度，再从游标上读出角度“分”的数值，两者相加就是被测零件的角度数值。

在万能角度尺上，基尺 4 是固定在尺座上的，角尺 2 用卡块 7 固定在扇形板上，可移动直尺 8 用卡块固定在角尺上。若把角尺 2 拆下，也可把直尺 8 固定在扇形板上。由于角尺 2 和直尺 8 可以移动和拆换，所以万能角度尺可以测量 0～320°的任何角度，如图 2－4 所示。

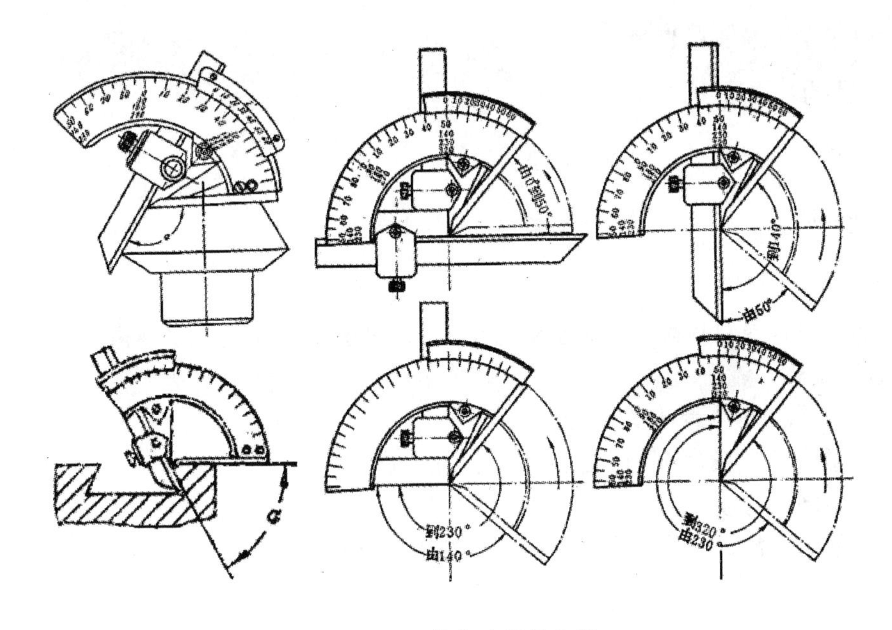

图 2－4　万能角度尺的应用

由图 2－4 可见，角尺和直尺全装上时，可测量 0～50°的外角度，仅装上直尺时，可测量 50°～140°的角度，仅装上角尺时，可测量 140°～230°的角度，把角尺和直尺全拆下时，可测量 230°～320°的角度（即可测量 40°～130°的内角度）。

万能角度尺的尺座上，基本角度的刻线只有 0～90°，如果测量的零件角度大于 90°，则在读数时，应加上一个基数（90°、180°、270°）。当零件角度为 90°～180°时，被测角度 =90°＋角度尺读数；180°～270°时，被测角度 =180°＋角度尺读数；270°～320°时，被测角度 =270°＋角度尺读数。

用万能角度尺测量零件角度时，应使基尺与零件角度的母线方向一致，且零件应与角度尺的两个测量面的全长接触良好，以免产生测量误差。

四、万能角度尺的注意事项

（1）使用前，先用干净纱布擦干，再检查各部件的相互作用是否移动平稳可靠、止动后的读数是否不动，然后对“0”位。

（2）测量时，放松制动器上的螺帽，移动主尺座作粗调整，再转动游标背后的手把作精细调整，直到使万能角度尺的两测量面与被测工件的工作面密切接触为止。然后拧紧制动器上的螺帽加以固定，即可进行读数。

（3）测量完毕后，用干净纱布仔细擦干，涂上防锈油。

【实习操作1】

◆万能角度尺的识读

一、准备工作

万能角度尺，一组测量零件。

二、目的

掌握万能角度尺的正确使用方法。

三、操作

1. 练习握法

右手握住主尺身，控制使其和基准面相贴；左手控制游标的微动装置。

2. 选择直尺、角尺

（1）初步判断所测量角度的大致范围。

（2）根据判读的角度范围，选择直尺、角尺的组合。

3. 尺寸测量和读数

主尺的读数与游标的读数之和，便是所测量的角度值。

【任务评价】

一、万能角度尺测量报告

表2-1　万能角度尺测量报告

零件图号		送检		检验员	
零件名		材料		日期	
序号	精度要求	自检	判定	互检	判定
1	零件1角度读数				
2	零件2角度读数				
3	零件3角度读数				
4	零件4角度读数				

二、任务评价

表 2－2　任务评价表

序号	考核项目	考核内容和要求	配分	评分标准	检测结果	得分
1	加工准备	工、量具清单完整	5	缺 1 项扣 1 分		
		工作服穿着完整	5	酌情扣分		
		工、量具摆放整齐	5	酌情扣分		
2	尺寸精度	读数 1	15	超差不得分		
		读数 2	15	超差不得分		
		读数 3	15	超差不得分		
		读数 3	15	超差不得分		
3	操作规范	量具操作正确性	10	酌情扣分		
		量具使用正确性	10	酌情扣分		
4	文明生产	操作文明安全，工完场清	5	酌情扣分		
5	完成时间			每超过 10 分钟扣 2 分，超过 30 分钟为不及格		
总配分			100	总得分		

【任务思考】

万能角度尺的使用是否存在问题？

【实习操作 2】

◆六角螺母的角度测量

一、准备工作

万能角度尺，六角螺母毛坯。

二、目的

掌握万能角度尺的正确使用。

三、操作

（1）六角螺母的毛坯料外形尺寸是 36mm，由于六角螺母具有对称性，先加工面 1，单边粗锉加工 3mm（见图 2－5），以刀口角尺控制平面度和垂直度，并且用游标卡尺测量控制尺寸达到 33 ±0. 04mm。

（2）在面 1 加工完成达到要求后，以面 1 为基准，先将工件放到划线平板上，用高度划线尺划出30mm高度的线条，然后锉削加工到划线处作为面2（见图2－6），再精加工达到平面度和与大面A的垂直度，且与面1达到平行度的要求，用游标卡尺控制尺寸达到30±0.04mm（见图2－7）。

（3）采用与面1相同的加工方法来加工面3（见图2－8），先用120°角度样或万能角度尺以面1作为基准划面3加工参考线，进行粗加工，然后用刀口角度控制平面度和与大面A的垂直度，再以面1作为基准，用角度样板或万能角度尺控制面1与面3之间形成的角度为120°±2′（见图2－9），并注意用游标卡尺测量控制尺寸。

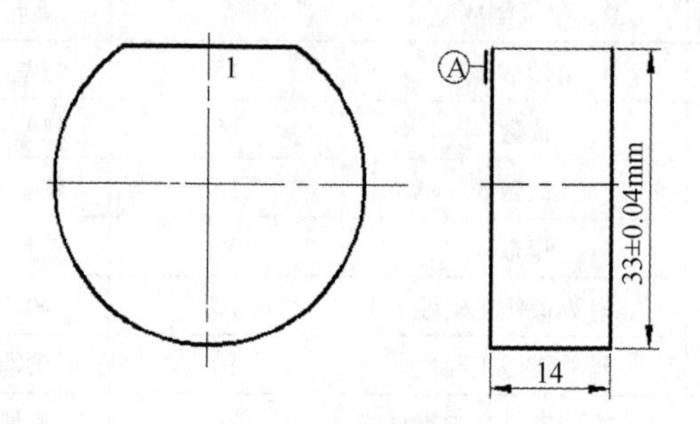

图2－5　加工面1

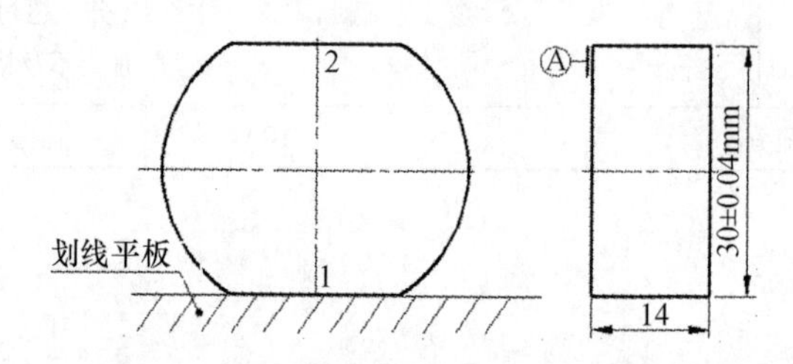

图2－6　加工面2

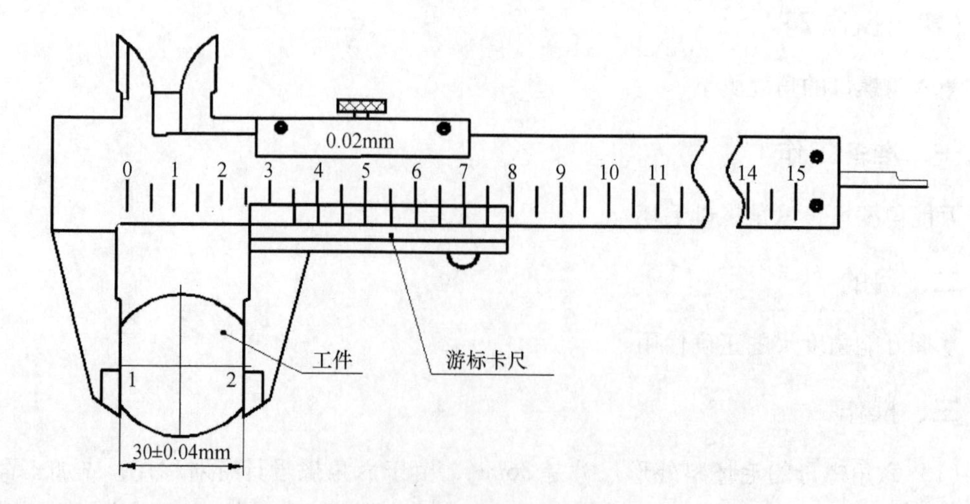

图2－7　游标卡尺测量

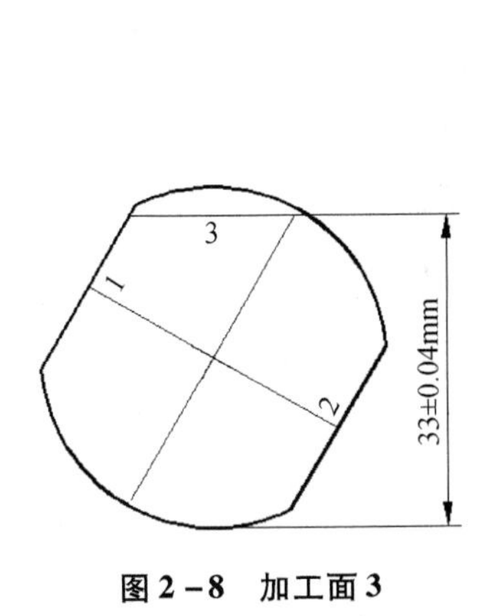

图 2-8 加工面 3

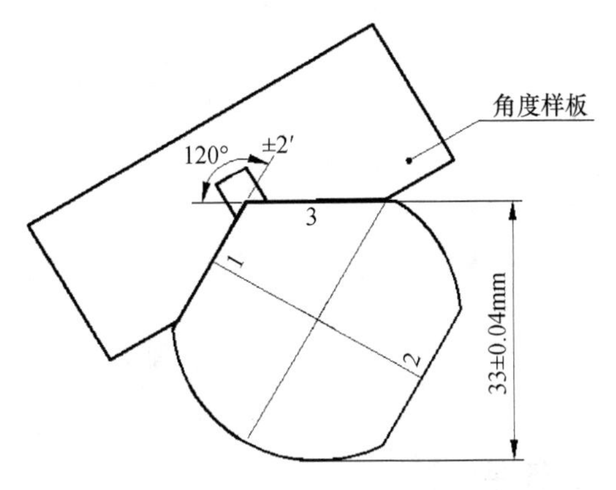

图 2-9 加工面 1 和面 3 之间的角

（4）面 4 的加工和测量与面 3 相同（见图 2-10），注意控制平面度、垂直度及角度（120° ± 2′）（见图 2-11），并且用游标卡尺控制平行度和测量尺寸达到 30 ± 0.04mm（见图 2-7）。

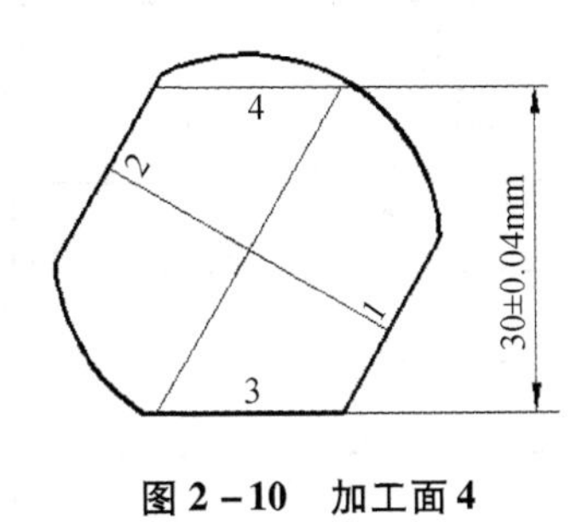

图 2-10 加工面 4

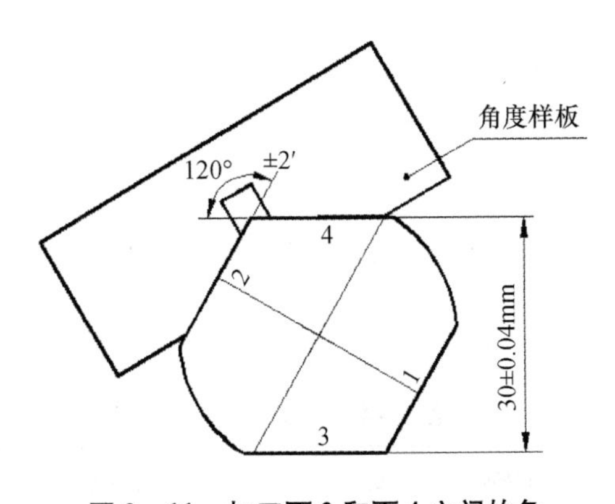

图 2-11 加工面 2 和面 4 之间的角

（5）面 5、面 6 的加工和测量方法与面 3、面 4 的相同，采用角度样板或万能角度尺测量角度 120° ± 2′和游标卡尺测量控制平行度及测量尺寸 30 ± 0.04mm，最终形成如图 2-12所示的正六方体。

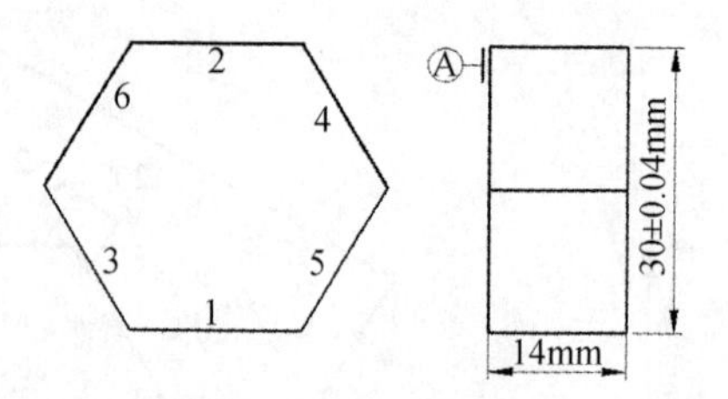

图 2－12　正六方体

【任务评价】

一、6 个角测量报告

表 2－3　6 个角测量报告

零件图号		送检		检验员	
零件名		材料		日期	
序号	精度要求	自检	判定	互检	判定
1	角度读数 1				
2	角度读数 2				
3	角度读数 3				
4	角度读数 4				
5	角度读数 5				
6	角度读数 6				

二、任务评价

任务评价如表 2－4 所示。

表 2－4　任务评价表

序号	考核项目	考核内容和要求	配分	评分标准	检测结果	得分
1	加工准备	工、量具清单完整	5	缺 1 项扣 1 分		
		工作服穿着完整	5	酌情扣分		
		工、量具摆放整齐	5	酌情扣分		

续表

序号	考核项目	考核内容和要求	配分	评分标准	检测结果	得分
2	尺寸精度	读数 1	10	超差不得分		
		读数 2	10	超差不得分		
		读数 3	10	超差不得分		
		读数 4	10	超差不得分		
		读数 5	10	超差不得分		
		读数 6	10	超差不得分		
3	操作规范	量具操作正确性	10	酌情扣分		
		量具使用正确性	10	酌情扣分		
4	文明生产	操作文明安全，工完场清	5	酌情扣分		
5	完成时间			每超过 10 分钟扣 2 分， 超过 30 分钟为不及格		
总配分			100	总得分		

【任务思考】

在操作过程中万能角度尺的使用有哪些问题？

任务 8　钻孔

【学习要求】

(1) 能操作各类钻床。
(2) 能对简单工件正确装夹。
(3) 能对不同钻头正确安装。
(4) 能进行钻孔的操作工艺。

图 2－13　钻孔操作

【知识准备】

一、孔

1. 孔的形成

大家知道，无论什么机器，从制造每个零件到最后装成机器为止，几乎都离不开孔，这些孔就是通过如铸、锻、车、镗、磨等工艺，被钳工用钻、扩、铰、锪等方法加工形成。选择不同的加工方法所得到的精度、表面粗糙度不同。合理地选择加工方法有利于降低成本，提高工作效率，钻孔操作如图 2－13 所示。

2. 孔的定义

（1）钻孔：用钻头在实心工件上加工孔叫钻孔。钻孔只能进行孔的粗加工，如图 2－14 所示。

IT12 左右、Ra12.5 左右。

（2）扩孔：扩孔用于扩大已加工的孔，它常作为孔的半精加工，如图 2－15 所示。

IT10、Ra6.3、余量为 0.5～4mm。

（3）铰孔：铰孔是用铰刀从工件壁上切除微量金属层，以提高其尺寸精度和表面质量，如图 2－16 所示。

IT8～7、Ra1.6～0.8、余量可根据孔的大小从手册中查取。

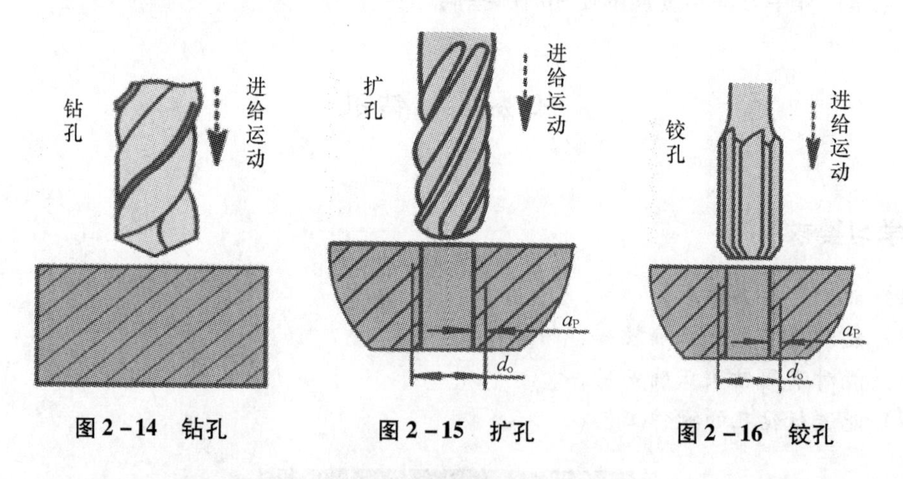

图 2－14　钻孔　　**图 2－15　扩孔**　　**图 2－16　铰孔**

（4）锪孔：锪孔是用锪钻对工件上的已有孔进行孔口形面的加工，其目的是保证孔端面与孔中心线的垂直度，以便使与孔连接的零件位置正确，连接可靠，如图 2－17 所示。

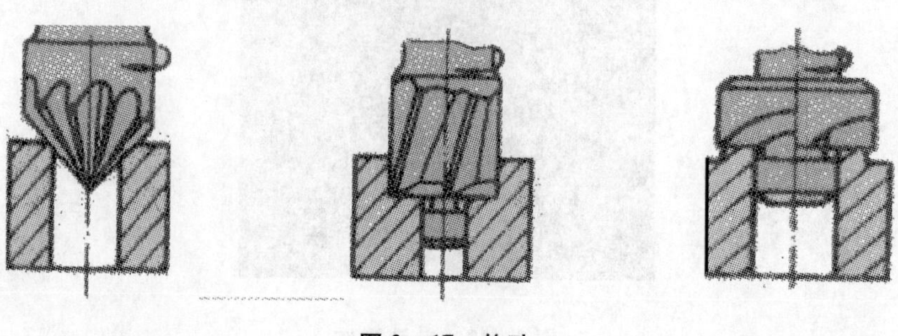

图 2－17　锪孔

二、钳工钻孔工具

钳工钻孔的工具通常有钻床和钻头两种。

1. 钻床

常用的钻床有台式钻床、立式钻床和摇臂钻床三种。手电钻也是常用钻孔工具，如图 2－18 所示。

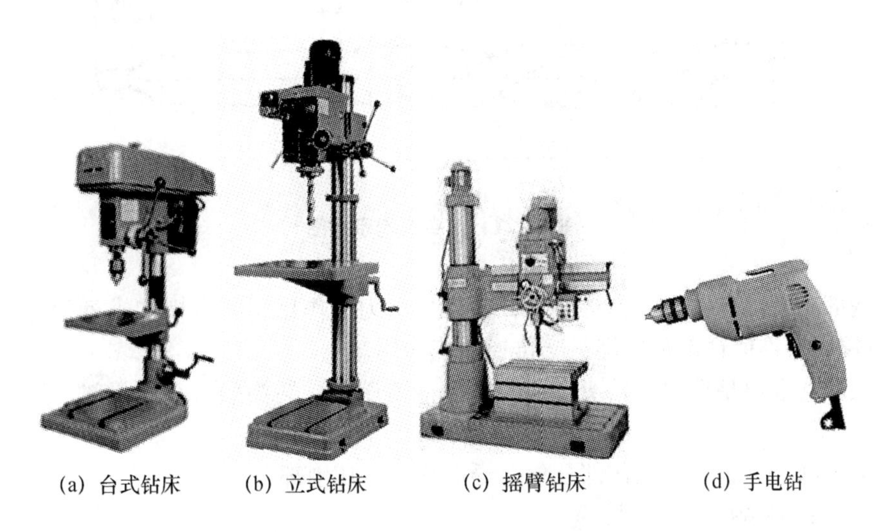

(a) 台式钻床　(b) 立式钻床　(c) 摇臂钻床　(d) 手电钻

图 2－18　钻床

（1）台式钻床：钻孔直径一般为 12mm 以下，特点是小巧灵活，主要加工小型零件上的小孔。

（2）立式钻床：主要由主轴、主轴变速箱、进给箱、立柱、工作台和底座组成。立式钻床可以完成钻孔、扩孔、铰孔、锪孔、攻丝等加工，立式钻床适于加工中小型零件上的孔。

（3）摇臂钻床：它有一个能绕立柱旋转的摇臂，摇臂带着主轴箱可沿立柱垂直移动，同时主轴箱等还能在摇臂上作横向移动，适用于加工大型笨重零件及多孔零件上的孔。

（4）手电钻：在其他钻床不方便钻孔时，可用手电钻钻孔。

另外，现在市场有许多先进的钻孔设备，如数控钻床，减少了钻孔划线及钻孔偏移的烦恼；还有磁力钻床等。

2. 钻头

（1）钻头的结构。钻头有直柄和锥柄两种，由柄部、颈部和切削部分组成，它有两个前刀面，两个后刀面，两个副切削刃，一个横刃，一个顶角（116°～118°）。

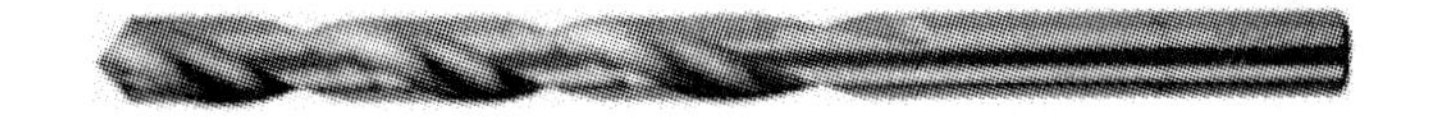

图 2－19　直柄钻头

图 2-20　锥柄钻头

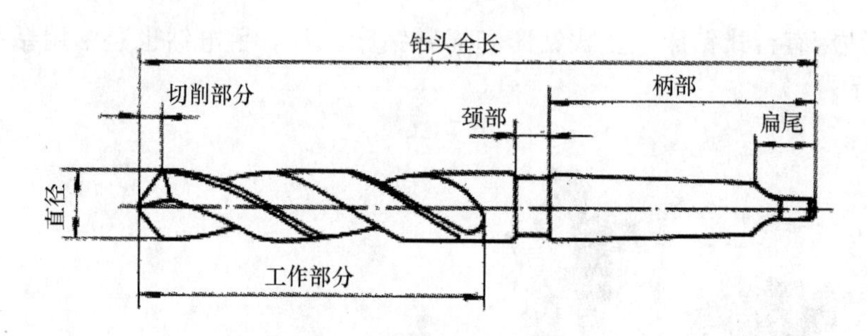

图 2-21　钻头结构示意图

1）柄部。柄部是钻头的夹持部分，起传递动力的作用，有直柄和锥柄两种。直柄传递扭矩力较小；锥柄顶部是扁尾，起传递扭矩作用。

2）颈部。颈部是在制造钻头时砂轮磨削退刀用的，钻头的直径、材料、厂标一般也刻在颈部。

3）工作部分。钻头的工作部分包括导向部分与切削部分。

（2）钻头的材料。

钻头是钻孔用的主要刀具，用高速钢制造，工作部分经热处理淬硬至 HRC62 ~ 65。

（3）钻头的分类。

1）标准麻花钻：它有两个前刀面，两个后刀面，两个副切削刃，一个横刃，一个顶角（116° ~ 118°）。

2）扩孔钻：扩孔钻基本上和钻头相同，不同的是，它有 3 ~ 4 个切削刃，无横刃，刚度、导向性好，切削平稳，所以加工孔的精度、表面粗糙度较好。

3）铰刀：铰刀有手用、机用、可调锥形等多种，铰刀有 6 ~ 12 个切削刃，无横刃，它的刚性、导向性更高。

4）锪孔钻：有锥形、柱形、端面等几种。

3. 附件

（1）钻头夹：装夹直柄钻头。

（2）过渡套筒：连接椎柄钻头。

（3）手虎钳：装夹小而薄的工件。

（4）平口钳：装夹加工过而平行的工件。

（5）压板：装夹大型工件。

三、钻孔方法

1. 工件的装夹方法

钻孔前一般都须将工件装夹固定，工件的装夹方法如表 2-5 所示。

表 2－5 工件的装夹方法

装夹方法	图例	注意事项
用手握持	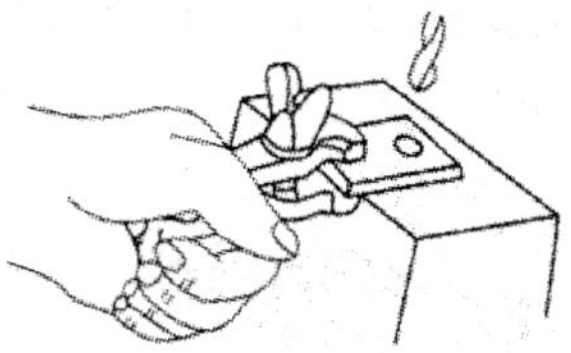	（1）钻孔直径在 8mm 以下 （2）工件握持边应倒角 （3）孔将钻穿时，进给量要小
用平口钳夹持工件	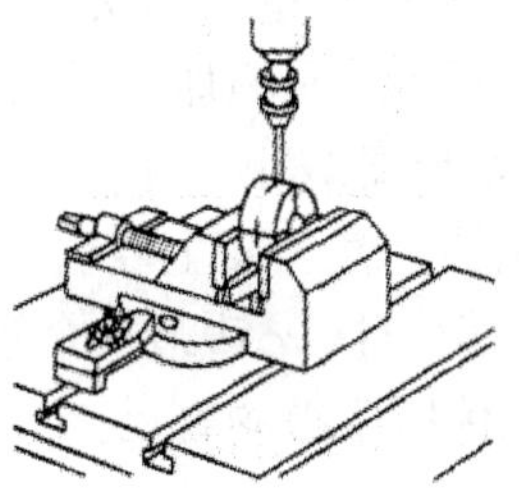	直径在 8mm 以上或用手不能握牢的小工件
用 V 形架配以压板夹持	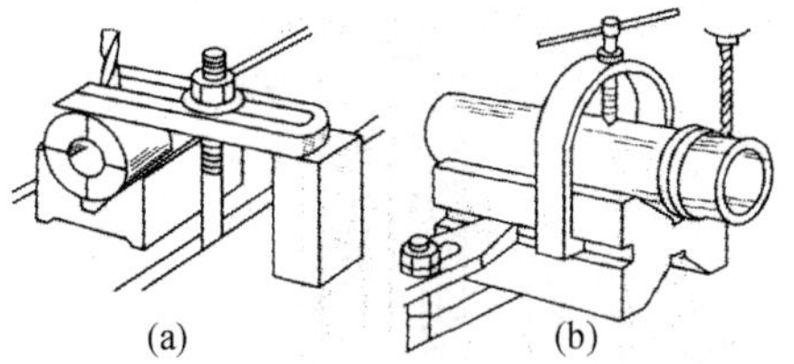 (a) (b)	（1）钻头轴心线位于 V 形架的对称中心 （2）钻通孔时，应将工件钻孔部位离 V 形架端面一段距离，避免将 V 形架钻坏
用压板夹持工件	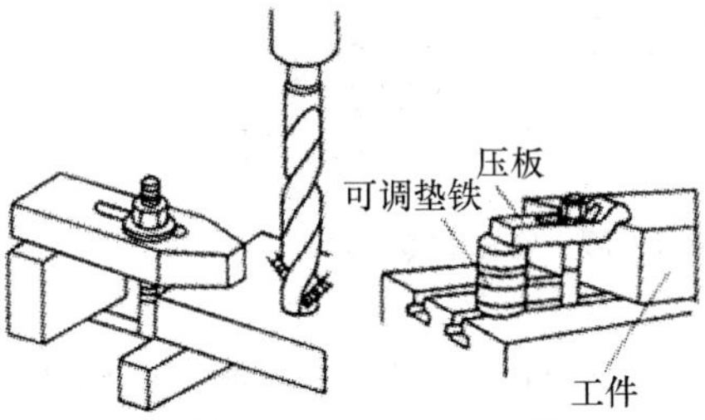 可调垫铁 压板 工件 (a) (b)	（1）钻孔直径在 10mm 以上 （2）压板后端需根据工件高度用垫铁调整
用钻床工具夹持工件	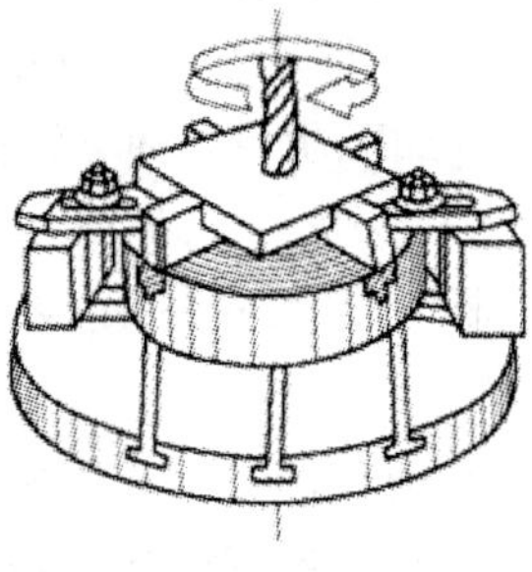	适用于钻孔精度要求高、零件生产批量大的工件

2. 钻头的装拆

（1）直柄钻头是用钻夹头夹紧后装入钻床主轴锥孔内的，可用钻夹头紧固扳手夹紧或松开钻头。

（2）锥柄钻头可通过钻头套变换成与钻床主轴锥孔相适宜的锥柄后装入钻床主轴，连接时应将钻头锥柄及主轴锥孔与过渡钻头套擦拭干净，对准腰形孔后用力插入。拆钻头时用斜铁插入腰形孔，轻击斜铁后部，将钻头和套退下。钻头的装拆如图 2－22 所示。

3. 钻孔注意事项

（1）钻孔前一般先划线，确定孔的中心，在孔中心先用冲头打出较大中心眼。

（2）钻孔时应先钻一个浅坑，以判断是否对中。

（3）在钻削过程中，特别是钻深孔时，要经常退出钻头以排出切屑和进行冷却，否则可能使切屑堵塞或钻头过热而磨损甚至折断，并影响加工质量。

（4）钻通孔时，当孔将被钻透时，进刀量要减小，避免钻头在钻穿时的瞬间抖动，出现“啃刀”现象，影响加工质量，损伤钻头，甚至发生事故。

（5）钻削大于 30mm 的孔应分两次站，第一次先钻第一个直径较小的孔（为加工孔径的 0.5～0.7 倍）；第二次用钻头将孔扩大到所要求的直径。

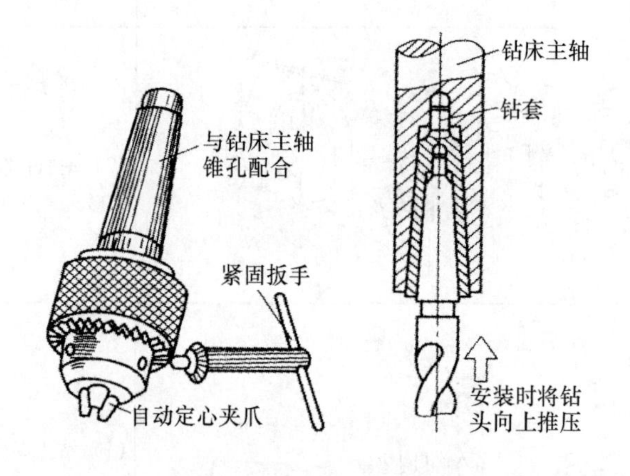

图 2－22 钻头的装拆

（6）钻削时的冷却润滑：钻削钢件时常用机油或乳化液；钻削铝件时常用乳化液或煤油；钻削铸铁时则常用煤油。

（7）实际操作时，注意使用铰刀铰孔时，铰刀不能反转，以免崩刃。

（8）钻通孔，在孔将被钻透时，进给量要减少，变自动进给为手动进给，避免钻头在钻穿的瞬间抖动，出现“啃刀”现象，影响加工质量，损坏钻头，甚至发生事故。

（9）钻盲孔（不通孔），要注意掌握钻孔深度，以免将孔钻深出现质量事故。控制钻孔深度的方法有：调整好钻床上深度标尺挡块；安置控制长度量具或用粉笔作标记。

（10）钻深孔，直径（D）超过 30mm 的孔应分两次钻。先用（05～07）D 的钻头钻，再用所需直径的钻头将孔扩大到所要求的直径。分两次钻削，既有利于钻头的使用（负荷分担），也有利于提高钻孔质量。

4. 钻孔时，选择转速和进给量的方法

（1）用小钻头钻孔时，转速可快些，进给量要小些。

（2）用大钻头钻孔时，转速要慢些，进给量适当大些。
（3）钻硬材料时，转速要慢些，进给量要小些。
（4）钻软材料时，转速要快些，进给量要大些。
（5）用小钻头钻硬材料时可以适当地减慢速度。
（6）钻孔时手进给的压力应根据钻头的工作情况，以目测和感觉进行控制，在实习中应注意掌握。

【实习操作】

◆六角螺母的钻孔

一、准备工作

台钻或立钻及摇臂钻床、机用虎钳、钻夹头及钻套、ϕ8.5 麻花钻、钻砂轮机一台、平光眼镜、锤子、样冲、游标卡尺、毛刷、切削液及角度尺。

二、目的

（1）能操作各类钻床。
（2）掌握标准麻花钻的刃磨方法。
（3）掌握钻孔中的注意事项。

三、操作

1. 划线

在六个面达到要求后，用钢直尺对正六方体将对角相连接（见图 2－23），三线交点即为中心，用样冲定出中心眼，并用划规划出 ϕ10 检测圆和 ϕ30 内切圆，用高度划线尺划出 2mm 的倒角高度线。最后去除毛刺、倒棱，全部精度复查。

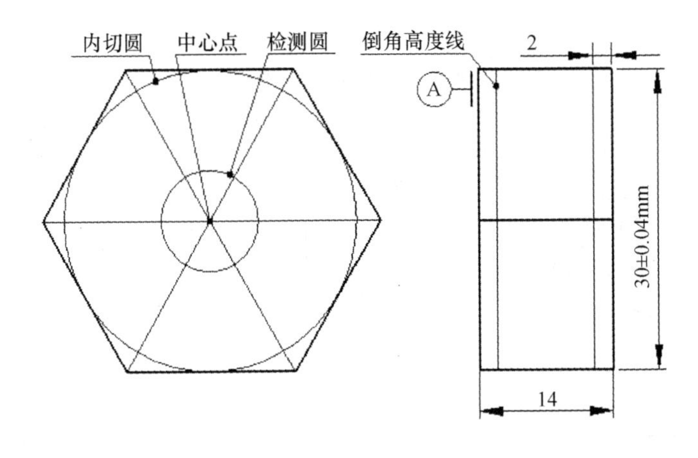

图 2－23　划线

2. 钻底孔的计算

由图样可知，要攻出 M10 的螺纹孔，因为是钢料，底孔直径可用下列经验公式计算。

$D = d - P$

式中，D为底孔直径，单位：mm；d为螺纹大径，单位：mm；P为螺距，单位：mm。

查表可知M10的螺距P=1.5mm，即底孔直径为：

$$
\begin{aligned}
D &= d - P \\
&= 10 - 1.5 \\
&= 8.5\text{mm}
\end{aligned}
$$

3. 工件的装夹

因六角螺母的六个侧面已加工好，所以装夹时应在钳口加垫铁；并且上下底面应与钳口平齐。

4. 钻头的装夹

选用ϕ8.5麻花钻头（直柄），用钻夹头固定，装在钻床主轴上，主轴孔大时，可用钻套。

5. 选择钻速

钻孔直径越大，则钻速n取值越小，反之钻速则越高；钻硬材料时，钻速取小值。

6. 钻孔

闭合电源开关，使电动机正转，用手操纵进给手柄进给，如要变速，应先停车；钻孔应首先使钻头中心对准划线孔中心，先试钻一个浅锥坑，看锥坑是否与控制线同心，不同心，应纠偏。

7. 正常钻孔时需加切削液，最好是乳化液

8. 孔口倒角

可用麻花钻改装，进行孔口倒角。

【任务评价】

一、钻孔检验报告

钻孔检验报告如表2－6所示。

表2－6　钻孔检验报告

零件图号		送检		检验员	
零件名		材料	Q235	日期	
序号	精度要求	自检	判定	互检	判定
1	ϕ8.5±0.2				
2	表面粗糙度值Ra3.2				
3	偏心度0.3mm				
4	垂直度0.3mm				

二、任务评价

任务评价如表2－7所示。

表2-7　任务评价表

序号	考核项目	考核内容和要求	配分	评分标准	检测结果	得分
1	加工准备	工、量具清单完整	5	缺1项扣1分		
		工作服穿着完整	5	酌情扣分		
		工、量具摆放整齐	5	酌情扣分		
2	尺寸精度	φ8.5±0.2	15	超差不得分		
3	几何公差	偏心度0.3mm	20	超差不得分		
		垂直度公差0.3mm	20	超差不得分		
4	表面粗糙度值	Ra3.2	15	酌情扣分		
5	操作规范	划线操作正确性	5	酌情扣分		
		工具使用正确性	5	酌情扣分		
6	文明生产	操作文明安全，工完场清	5	酌情扣分		
7	完成时间			每超过10分钟扣2分，超过30分钟为不及格		
总配分			100	总得分		

【任务思考】

（1）造成钻孔歪斜的原因是什么？

（2）分析应该采取什么措施来降低表面粗糙度值？

任务9　攻螺纹、套螺纹

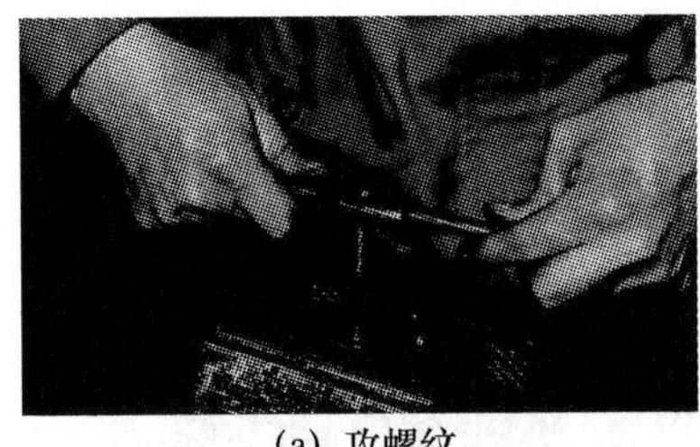

(a) 攻螺纹

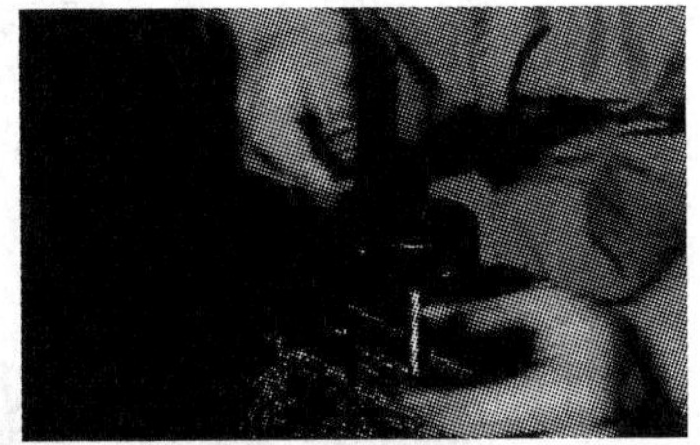

(b) 套螺纹

图2-24　攻螺纹、套螺纹操作

【学习要求】

（1）了解攻螺纹、套螺纹的直径计算。

（2）了解攻螺纹、套螺纹的刀具和工具的结构。

（3）掌握攻螺纹、套螺纹的操作技能，如图2-24所示。

（4）了解攻螺纹、套螺纹的操作注意事项。

【知识准备】

一、螺纹

螺纹分为内螺纹和外螺纹，在钳工实习中所做的螺纹为三角螺纹，它的牙型角为60°。螺纹的种类有三角螺纹、梯形螺纹、方螺纹、圆螺纹及管螺纹等。

螺纹要素：牙型、外径、螺距、精度、旋向。

二、攻螺纹（攻丝）

（一）丝锥和铰杠（丝锥扳手）

丝锥是专门用来攻螺纹的刀具，攻螺纹工具如图2－25所示，丝锥结构如图2－26所示。丝锥有机用和手用两种，机用丝锥一般为一支，手用丝锥可分为三个一组或两个一组，即头锥、二锥、三锥，两个一组的丝锥较为常用，使用时先用头锥，后用二锥，头锥的切削部分斜度较长，一般有5～7个不完整牙形，二锥较短，有1～2个不完整牙形。攻螺纹时要合理地选用铰杠，太小攻螺纹困难，太大丝锥易折断，铰杠如图2－27所示。

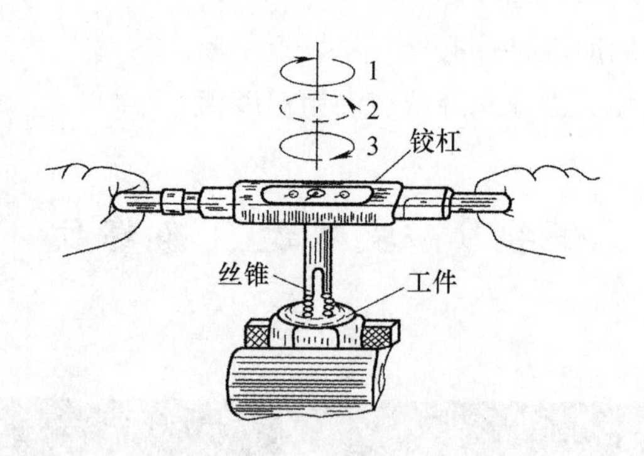

图2－25　攻螺纹工具

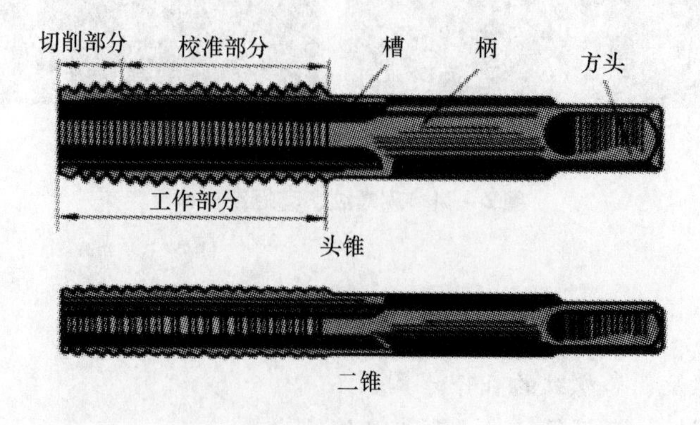

图2－26　丝锥结构

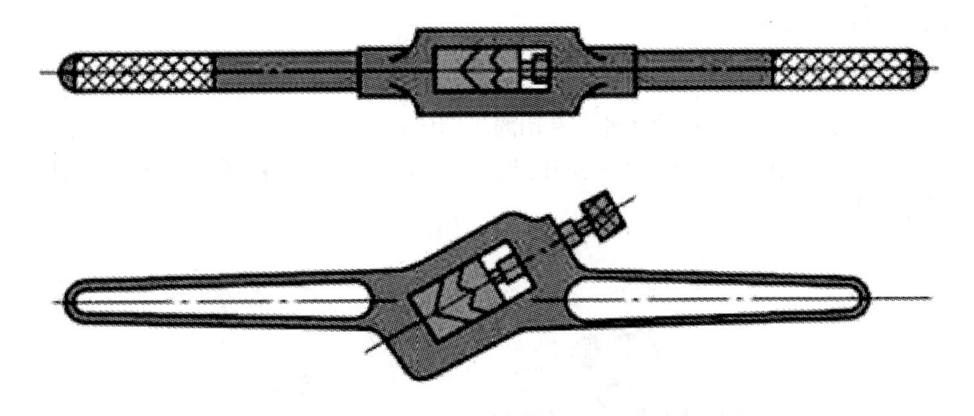

图 2-27　铰杠

（二）攻螺纹方法

1. 钻孔

攻螺纹前先钻螺纹底孔，底孔直径的选择可查阅有关手册，也可用公式计算。

脆性材料（铸铁、青铜等）$D=d-1.1t$

塑性材料（钢、紫铜等）$D=d-t$

式中，D 为钻孔的直径；d 为螺纹的外径；t 为螺距。

攻盲孔（不通孔）的螺纹时，因丝锥不能攻到底，所以孔的深度要大于螺纹长度。

孔的深度 = 要求螺纹长度 +0.7d

2. 攻螺纹

先用头锥攻螺纹。开始时必须将头锥垂直放在工件内，可用目测或直角尺从两个方向检查是否垂直，开始攻螺纹时一手垂直加压，另一手转动手柄，当丝锥开始切削时，即可平行转动手柄，不再加压，这时每转动 1～2 圈，要反转 1/4 圈以便使切屑断落，防止切屑挤坏螺纹。另外，攻螺纹时要加润滑液。

头锥用完再用二锥，当攻通孔时，用头锥一次攻透即可，二锥不再使用，如不是通孔，二锥必须使用。

（三）攻螺纹的操作要点及注意事项

（1）根据工件上螺纹孔的规格，正确选择丝锥，先头锥后二锥，不可颠倒使用。

（2）工件装夹时，要使孔中心垂直于钳口，防止螺纹攻歪。

（3）用头锥攻螺纹时，旋入 1～2 圈后，要检查丝锥是否与孔端面垂直（可目测或用直角尺在互相垂直的两个方向检查）。当切削部分已切入工件后，每转 1～2 圈应反转 1/4 圈，以便切屑断落；同时不能再施加压力（即只转动不加压），以免丝锥崩牙或攻出的螺纹齿较瘦。

（4）攻钢件上的内螺纹，要加机油润滑，可使螺纹光洁、省力并延长丝锥使用寿命；攻铸铁上的内螺纹可不加润滑剂，或者可加煤油；攻铝及铝合金、紫铜上的内螺纹，可加乳化液。

（5）不要用嘴直接吹切屑，以防切屑飞入眼内。

三、套螺纹（套丝）

1. 板牙和板牙架

板牙有固定式的和开缝式的两种，常用的为固定式，孔的两端有60°的锥度部分是板牙的切削部分，不同规格的板牙配有相应的板牙架。套丝工具、板牙、板牙架如图2－28、图2－29和图2－30所示。

图2－28　套丝工具

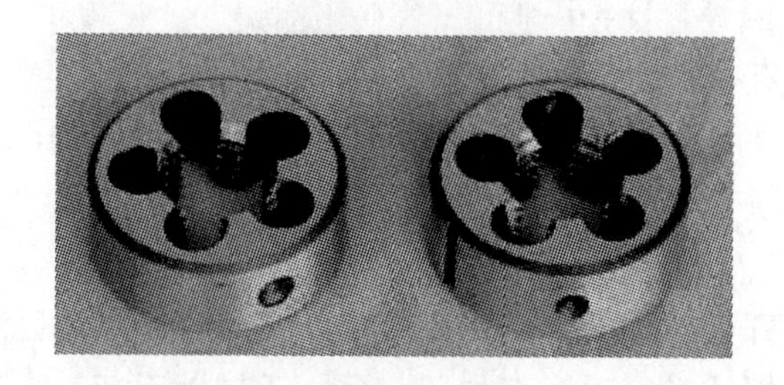

图2－29　板牙

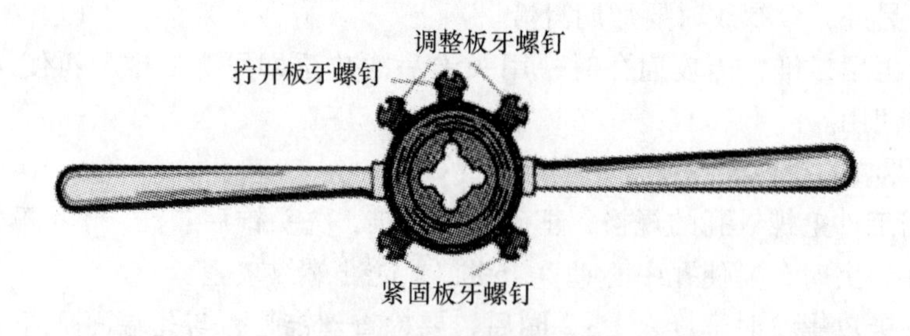

图2－30　板牙架

2. 套螺纹的方法

（1）套前应先确定圆杆直径，太大难以套入，太小形成不了完整螺纹，可按公式计算。圆杆直径＝螺纹的外径－0.2t。

（2）套丝时，板牙端面与圆杆垂直（圆杆要倒角15°～20°），开始转动时要加压，切入后，两手平行转动手柄即可，要时常反转断屑，加润滑液。

3. 套螺纹的操作要点和注意事项

（1）每次套螺纹前应将板牙排屑槽内及螺纹内的切屑清除干净。

（2）套螺纹前要检查圆杆直径大小和端部倒角。

（3）套螺纹时切削扭矩很大，易损坏圆杆的已加工面，所以应使用硬木制的 V 形槽衬垫或用厚铜板作保护片来夹持工件。工件伸出钳口的长度，在不影响螺纹要求长度的前提下，应尽量短。

（4）套螺纹时，板牙端面应与圆杆垂直，操作时用力要均匀。开始转动板牙时，要稍加压力，套入 3 ~4 牙后，可只转动而不加压，并应经常反转，以便断屑。

（5）在钢制圆杆上套螺纹时要加机油润滑。

【实习操作】

◆六角螺母的攻螺纹

一、准备工作

已加工六角螺母零件，M10 丝锥，铰杠，切削液。

二、目的

（1）掌握攻螺纹的操作工艺。

（2）掌握攻螺纹的操作注意事项。

三、操作

1. 工件装夹

钻出底孔和锪孔后，用铰杠和 M10 丝锥对工件进行攻螺纹，注意攻螺纹前工件夹持位置要正确，应尽可能把底孔中心线置于水平或垂直位置，便于攻螺纹时掌握丝锥是否垂直于工件。

2. 攻螺纹操作

攻螺纹时，要注意先用头锥，再用二锥，且两手均匀握住铰杠，均匀施加压力（见图 2－31），当丝锥攻入 1 到 2 圈后，从间隔 90°的两个方向用 90°角尺检查(见图 2－32)，并校正丝锥位置到符合要求，然后继续往下攻，倒转 1/2 圈，便于切削和排屑。

3. 正常攻螺纹时，应添加润滑油

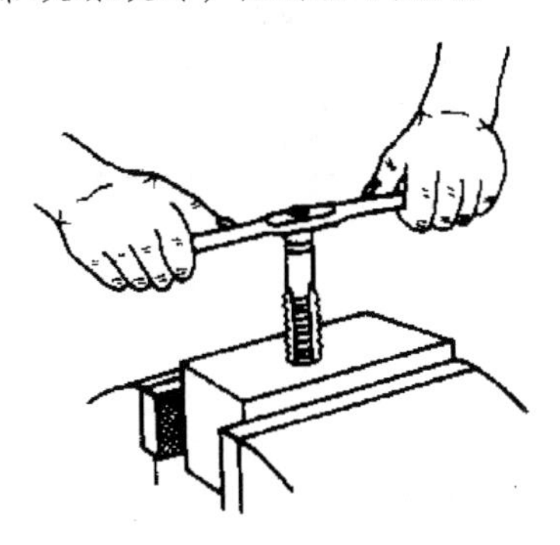

图 2－31　攻螺纹操作

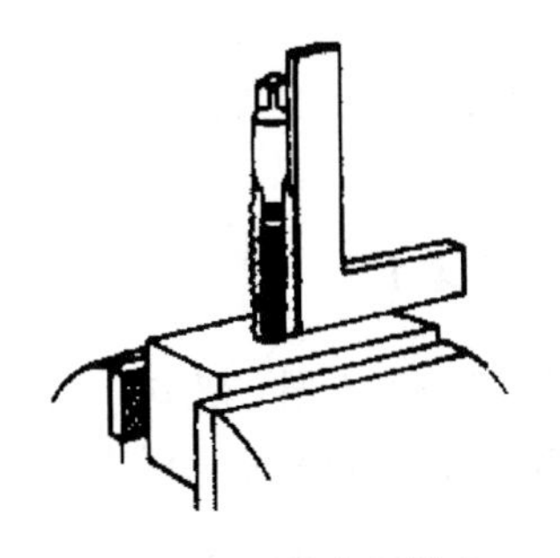

图 2－32　90°角尺检查

【任务评价】

一、攻螺纹检验报告

攻螺纹检验报告如表 2－8 所示。

表 2－8　攻螺纹检验报告

零件图号		送检		检验员	
零件名		材料	Q235	日期	
序号	精度要求	自检	判定	互检	判定
1	M10－7H				
2	表面粗糙度值 Ra3.2				

二、任务评价

任务评价如表 2－9 所示。

表 2－9　任务评价表

序号	考核项目	考核内容和要求	配分	评分标准	检测结果	得分
1	加工准备	工、量具清单完整	5	缺 1 项扣 1 分		
		工作服穿着完整	5	酌情扣分		
		工、量具摆放整齐	5	酌情扣分		
2	尺寸精度	M10－7H	20	超差不得分		
		倒角 C1	10	酌情扣分		
3	表面粗糙度值	Ra3.2	15	酌情扣分		
4	操作规范	起攻螺纹操作正确性	15	酌情扣分		
		攻螺纹操作正确性	15	酌情扣分		
		测量使用正确性	5	酌情扣分		
5	文明生产	操作文明安全，工完场清	5	酌情扣分		
6	完成时间			每超过 10 分钟扣 2 分，超过 30 分钟为不及格		
总配分			100	总得分		

【任务思考】

（1）如何加工不通孔的螺纹？
（2）螺纹底孔的深度怎样来确定？

项目三　复合作业——制作錾口锤

任务10　錾口锤的制作工艺和工、量、刃具的准备

【学习要求】

(1) 学习錾口锤的制作工艺。

(2) 能根据工艺准备工、量、刃具。

【知识准备】

一、制作工艺的过程

1. 熟悉图纸

(1) 熟悉视图的表达方式，图纸由哪些视图组成，分别有怎样的作用，进一步弄清零件的具体形状。

(2) 研究零件的尺寸表达，判断零件的大小。

(3) 分析零件的尺寸公差、形位公差、表面粗糙度。

(4) 研究零件的技术要求。

2. 熟悉钳工的场地、台虎钳规格

根据零件的形状和大小，以及台虎钳的规格，分析工件在制作中怎样装夹。

3. 熟悉钳工室现有的工、量、刃具

根据零件的尺寸公差、形位公差、表面粗糙度，以及钳工室现有的工、量、刃具，选择加工方法、加工刀具、测量量具、检验量具和检验方法。

4. 熟悉毛坯

根据毛坯的材料和加工余量，选择合适的加工方法。

5. 自我分析

分析自己对钳工知识和钳工技能的掌握程度和自己最擅长于哪些方面。

6. 理清思路

制定工艺就是写出制作的过程，或是写出制作的先后顺序以及制作的方法。

二、工、量、刃具的准备

钳工常用工量器具和工艺要求。

1. 工具

台钻、台虎钳、钻套、钻夹头、扳手一套、起子、手锤、划针、划规、样冲、粉笔、平板、V形铁、高度规、方箱、钢丝刷、毛刷、切削液、机油、锯弓和铰杠。

2. 量具

直尺、直角尺、150mm游标卡尺、刀口尺和塞尺。

3. 刃具

锯条、300mm粗锉、250mm精锉、圆锉、ϕ8.5麻花钻和M10丝锥一套。

【实习操作】

◆錾口锤制作工艺制定

（1）将圆钢放置在V形铁上，以高度游标卡尺测量出其最高点，然后下降5mm划线，四周均划线。

（2）沿所划线条（线外及虚线处）进行锯削。

（3）完成第一面的锯削和锉削后，将第一面放置在划线平板上，用高度游标卡尺对第二面进行划线并锯削，完成第二面锯削后，将工件放置在V形铁上，结合直角尺和高度游标卡尺对第三面进行划线（方法同第一面），保证第三面与第一、第二面基本垂直，最后进行锯削和锉削。

（4）利用第三面做基准面，放置在划线平板上进行划线，划出第四面加工线，并对第四面进行加工。

（5）加工方头端面并保证该端面和1、2、3、4端面相互垂直，然后按照图纸尺寸要求进行划线。由于端面未完全加工，所以总长度必须留有0.3～0.5mm的加工余量。对舌头部分进行加工，用8寸半圆锉对R12圆弧进行加工，以半径规检测（也可用钢直尺头部圆弧），然后用平板锉对斜面进行粗、精锉加工，最后用推锉进行平面和圆弧的连接。

（6）锉削端面。

方头端面必须与方头四面保持垂直，中间可以略微凸起；锉削斜面端部，保证舌端平整光滑，与1、2、3、4端面垂直，并控制总长为90mm。

（7）按照图样尺寸对中心孔和棱边及倒角进行划线和加工。

划线完毕后用钻床加工螺纹底孔（M10的螺纹，可选用ϕ8.5mm钻头），钻完底孔后用M10丝锥进行攻丝。

【任务评价】

一、錾口锤工艺制定检验报告

錾口锤工艺制定检验报告如表3-1所示。

表3－1 錾口锤工艺制定检验报告

零件图号		送检		检验员	
零件名		材料	Q235	日期	
序号	精度要求	自检	判定	互检	判定
1	工艺制定的流程				
2	工量具的准备				

二、任务评价

任务评价如表3－2所示。

表3－2 任务评价表

序号	考核项目	考核内容和要求	配分	评分标准	检测结果	得分
1	工艺制定的流程	图纸的熟悉	15	酌情扣分		
		场地的熟悉	10	酌情扣分		
		现有工、量具的熟悉	10	酌情扣分		
		毛坯的熟悉	10	酌情扣分		
		自己的分析	10	酌情扣分		
2	工量具的准备	工具的准备	15	酌情扣分		
		量具的准备	15	酌情扣分		
		刃具的准备	15	酌情扣分		
3	完成时间			每超过10分钟扣2分，超过30分钟为不及格		
总配分			100	总得分		

【任务思考】

工艺的制定过程中存在哪些问题？

任务11 錾口锤的制作

【学习要求】

（1）掌握锉削腰孔及连接内外圆弧面的方法，达到连接圆滑、位置及尺寸正确的要求。

（2）提高锉削技能。

（3）通过复合作业的综合技能训练，学习一般手工工具的制作，同时基本掌握工件各形面的加工步骤、使用工具及有关基准测量方法的确定。

【实习操作】

錾口锤手工制作主要练习钳工识图、下毛坯料、划线、锯削、锉削、量具的使用、钻床的使用、钻孔、攻丝、套丝、手柄材料校正等基本操作，是对钳工手工基本操作的综合练习，对提高钳工基本功有很大的帮助。

一、图纸的熟悉及分析

熟悉图纸是工作的第一步，只有看懂图纸，了解图形，明确其要求，才能根据具体的要求制定加工步骤和加工工艺，以确保加工出来的工件达到图纸的要求。

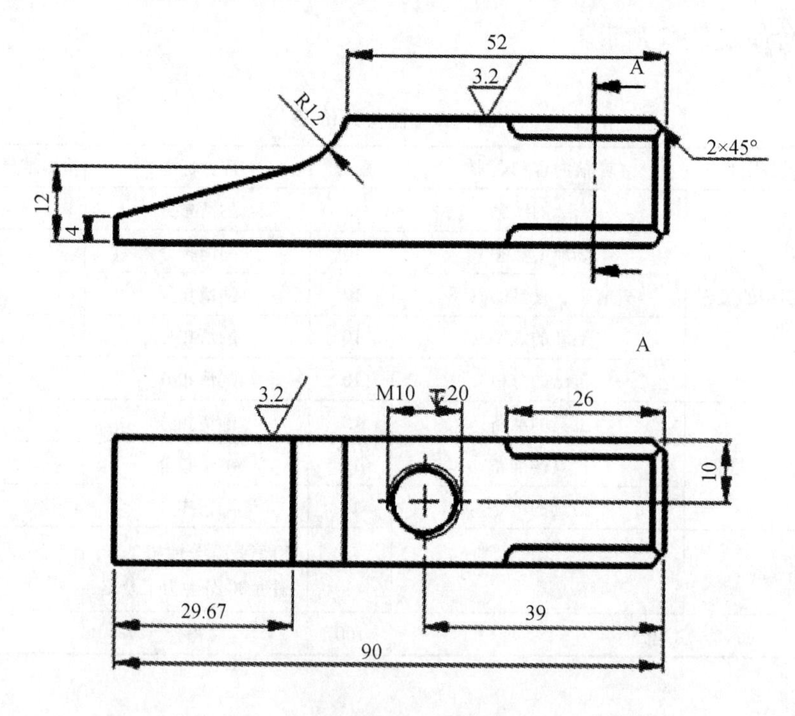

图 3-1　錾口锤图纸（单位：mm）

本工件是一个錾口锤工具加工，要求其四边都相互垂直，平面度达到 0.03mm；平面连接光滑；2×45°倒角尺寸准确；其他尺寸精度，如图 3-1 所示。

二、毛坯测量

对毛坯去毛刺，用钢直尺测量尺寸，确保尺寸达到 φ30×92mm，保证达到工件的加工要求。

三、加工步骤

（1）将圆钢放置在 V 形铁上，以高度游标卡尺测量出其最高点，然后下降 5mm 划线，四周均划线，如图 3-2 所示。

（2）沿所划线条（线外及虚线处）进行锯削。

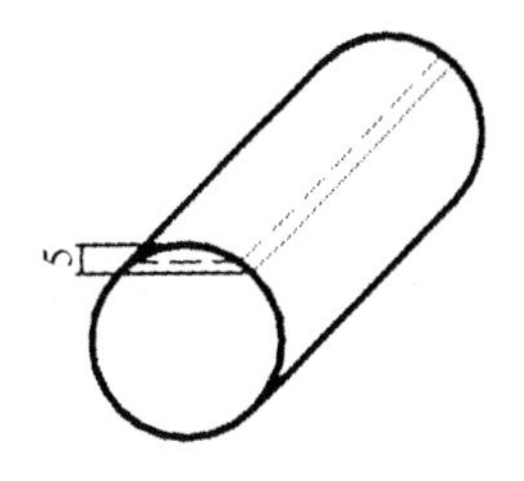

图 3－2　在圆钢上划线

（3）完成第一面的锯削和锉削后，将第一面放置在划线平板上，用高度游标卡尺对第二面进行划线并锯削，完成第二面锯削后，将工件放置在 V 形铁上，结合直角尺和高度游标卡尺对第三面进行划线（方法同第一面），保证第三面与第一、第二面基本垂直，最后进行锯削和锉削，如图 3－3 所示。

（4）利用第三面做基准面，放置在划线平板上进行划线，划出第四面加工线，并对第四面进行加工，如图 3－4 所示。

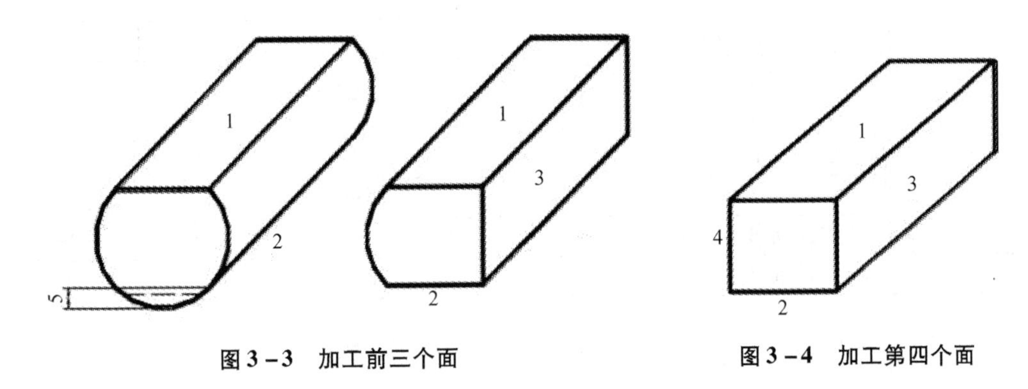

图 3－3　加工前三个面

图 3－4　加工第四个面

（5）加工方头端面并保证该端面和 1、2、3、4 端面相互垂直，然后按照图纸尺寸要求进行划线，如图 3－5 所示。

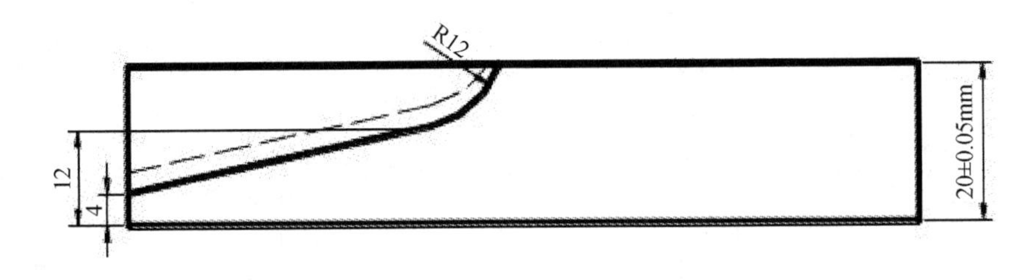

图 3－5　对工件划线

由于端面未完全加工，所以总长尺寸必须留有 0.3～0.5mm 的加工余量。对舌头部分进行加工，用 8 寸半圆锉对 R12 圆弧进行加工，以半径规检测（也可用钢直尺头部圆弧），然后用平板锉对斜面进行粗、精锉加工，最后用推锉进行平面和圆弧的连接。

（6）锉削端面。

方头端面必须与方头四面保持垂直，中间可以略微凸起；锉削斜面端部，保证舌端平整光滑，与1、2、3、4端面垂直，并控制总长在90mm。

（7）按照图样尺寸对中心孔和棱边及倒角进行划线和加工。

划线完毕后用钻床加工螺纹底孔（M10的螺纹，可选用φ8.5mm钻头），钻完底孔后用M10丝锥进行攻丝。

【任务评价】

一、錾口锤检验报告

表3-3 錾口锤检验报告

零件图号		送检		检验员	
零件名		材料	Q235	日期	
序号	精度要求	自检	判定	互检	判定
1	长度90mm				
2	宽×高度20×20mm				
3	螺纹M10				
4	螺纹定位尺寸				
5	倒角2×45°				
6	倒角定位尺寸				
7	圆弧尺寸R12				
8	圆弧定位尺寸				

二、任务评价

表3-4 任务评价表

序号	考核项目	考核内容和要求	配分	评分标准	检测结果	得分
1	加工准备	工、量具清单完整	5	缺1项扣1分		
		工作服穿着完整	5	酌情扣分		
		工、量具摆放整齐	5	酌情扣分		
2	几何公差	平行度公差	10	超差不得分		
		垂直度公差	10	超差不得分		
3	表面粗糙度	Ra3.2	10	酌情扣分		
4	操作规范	操作正确性	5	酌情扣分		
		工具使用正确性	5	酌情扣分		
5	文明生产	操作文明安全、工完场清	5	酌情扣分		
6	尺寸精度	如表3-3所示	每项5分 共40分	超差不得分		
7	完成时间			每超过10分钟扣2分， 超过30分钟为不及格		
总配分			100	总得分		

【任务思考】

（1）划线工具的使用是否存在问题？

（2）划线的尺寸精度、几何公差控制是否存在问题？

项目四　减速器的拆装

任务12　减速器的知识

【学习要求】

（1）了解减速器的工作原理。
（2）了解减速器的作用。
（3）熟悉减速器的分类。
（4）了解减速器的优缺点。

【知识准备】

一、减速器的工作原理

减速器（或称减速机）一般用于低转速大扭矩的传动设备，将电动机、内燃机或其他高速运转的动力通过减速器输入轴上齿数少的齿轮啮合输出轴上的大齿轮来达到减速的目的，普通的减速器也会有几对相同原理的齿轮以达到理想的减速效果，大小齿轮的齿数之比，就是传动比。减速器是一种动力传达机构，是利用齿轮的速度转换器，将马达的回转数减速到所要的回转数，并得到较大转矩的机构，如图4－1所示。

图4－1　减速器

二、减速器的作用

（1）降速的同时提高了输出扭矩，扭矩输出比例按电机输出乘减速比，但要注意不能超出减速机额定扭矩。

（2）减速的同时降低了负载的惯量，惯量的减少为减速比的平方。

三、减速器的分类

减速器是一种相对精密的机械，使用它的目的是降低转速，增加转矩。它的种类繁多，型号各异，不同种类有不同的用途，按照传动类型可分为齿轮减速器、蜗杆减速器和行星齿轮减速器；按照传动级数不同可分为单级和多级减速器；按照齿轮形状可分为圆柱齿轮减速器、圆锥齿轮减速器和圆锥—圆柱齿轮减速器；按照传动的布置形式又可分为展开式、分流式和同轴式减速器。以下是常用的减速器分类：

（1）摆线针轮减速器。

（2）硬齿面圆柱齿轮减速器。

（3）行星齿轮减速器。

（4）软齿面减速器。

（5）三环减速器。

（6）起重机减速器。

（7）蜗杆减速器。

（8）轴装式硬齿面减速器。

（9）无级变速器。

蜗轮蜗杆减速器的主要特点是具有反向自锁功能，可以有较大的减速比，输入轴和输出轴不在同一轴线上，也不在同一平面上，但是一般体积较大，传动效率不高，精度不高。谐波减速器的谐波传动是利用柔性元件可控的弹性变形来传递运动和动力，体积不大、精度很高，但缺点是柔轮寿命有限、不耐冲击，刚性与金属件相比较差，输入转速不能太高。行星减速器其优点是结构比较紧凑，回程间隙小、精度较高，使用寿命很长，额定输出扭矩可以做得很大，但价格略贵。精密减速器如图4－2所示。

四、减速器的特点

（1）机械结构紧凑、体积轻巧、小型高效。

（2）热交换性能好，散热快。

（3）安装简易、灵活轻捷、性能优越、易于维护检修。

（4）传动速比大、扭矩大、承受过载能力高。

（5）运行平稳，噪声小，经久耐用。

（6）适用性强、安全可靠性大。

图 4－2　精密减速器

【实习操作】

安排学生课前通过网络搜索关于减速器的相关知识，以便课上讨论。

【任务评价】

减速器的知识掌握检验报告

减速器的知识掌握检验报告如表 4－1 所示。

表 4－1　减速器的知识掌握检验报告

零件图号		送检		检验员	
零件名		材料		日期	
序号	知识内容	自检	判定	互检	判定
1	减速器的工作原理				
2	减速器的作用				
3	减速器的分类				
4	减速器的特点				

【任务思考】

通过上网查询，你又获得了哪些与减速器相关的知识？

任务 13　减速器的拆装工艺和工具的使用

【学习要求】

（1）了解装配的概念。

（2）了解装配的分类。

（3）熟悉装配的要求。

（4）熟悉装配的工艺。

（5）掌握拆装工具的使用。

【知识准备】

一、装配的基础知识

1. 装配的概念

装配是按照规定的技术要求，将若干个零件组装成部件或将若干个零件和部件组装成产品的过程。

也就是把已经加工好，并经检验合格的单个零件，通过各种形式，依次将零部件连接或固定在一起，使之成为部件或产品的过程。

2. 装配的分类

（1）组件装配。

（2）部件装配。

（3）总装装配。

3. 装配的方法

（1）互换装配法。

（2）分组装配法。

（3）调整装配法。

（4）修配装配法。

4. 装配的三要素

（1）定位。

（2）支撑。

（3）夹紧。

5. 装配工作的基本要求

（1）装配时，应检查零件与装配有关的形状和尺寸精度是否合格，检查有无变形、损坏等，并注意零件上的各种标记，防止错装。

（2）固定连接的零部件，不允许有间隙。活动的零件，能在正常的间隙下，灵活均匀地按规定方向运动，不应有跳动。

（3）各运动部件（或零件）的接触表面必须保证有足够的润滑，若有油路，必须畅通。

（4）各种管道和密封部位，装配后不得有渗漏现象。

（5）试车前，应检查各个部件连接的可靠性和运动的灵活性，各操纵手柄是否灵活和手柄位置是否在合适的位置；试车前，从低速（压）到高速（压）逐步进行。

6. 装配图的主要内容

（1）图形，即能表达零件之间的装配关系、相互位置关系和工作原理的一组视图。

（2）尺寸，即表达零件之间的配合和位置尺寸及安装的必要尺寸等。

（3）技术条件，即对于装配、调整、检验等有关技术要求。

（4）标题栏和明细表。

7. 装配夹具

装配夹具指在装配过程中用来对零件施加外力，使其获得可靠定位的工艺装备。

二、产品装配的工艺过程

1. 制定装配工艺过程的步骤（准备工作）

（1）研究和熟悉产品装配图及有关的技术资料。了解产品的结构、各零件的作用、相互关系及连接方法。

（2）确定装配方法。

（3）划分装配单元，确定装配顺序。

（4）选择准备装配时所需的工具、量具和辅具等。

（5）制定装配工艺卡片。

2. 装配过程

（1）部件装配：把零件装配成部件的过程叫部件装配。

（2）总装装配：把零件和部件装配成最终产品的过程叫总装装配。

3. 调整、精度检验

（1）调整工作就是调节零件或机构部件的相互位置、配合间隙、结合松紧等，目的是使机构或机器工作协调（性能）。

（2）精度检验就是用检测工具，对产品的工作精度、几何精度进行检验，直至达到技术要求为止。

4. 喷漆、防护、扫尾、装箱等

（1）喷漆是为了防止不加工面锈蚀和使产品外表美观。

（2）涂油是使产品工作表面和零件的已加工表面不生锈。

（3）扫尾是前期工作的检查确认，使之最终完整，符合要求。

（4）装箱是产品的保管，待发运。

5. 装配前，清理和清洗零件的意义

在装配过程中，必须保证没有杂质留在零件或部件中，否则，就会迅速磨损机器的摩擦表面，严重的会使机器在很短的时间内损坏。由此可见，零件装配前的清理和清洗工作对提高产品质量，延长其使用寿命有着重要的意义，特别是对于轴承精密配合件、液压元件、密封件以及有特殊清洗要求的零件等很重要。

6. 装配时，对零件的清理和清洗内容

（1）装配前，清除零件上的残存物，如型砂、铁锈、切屑、油污及其他污物。

（2）装配后，清除在装配时产生的金属切屑，如配钻孔、铰孔、攻螺纹等加工的残存切屑。

（3）部件或机器试车后，洗去由摩擦、运行等产生的金属微粒及其他污物。

7. 拆卸工作的要求

（1）机器拆卸工作，应按其结构的不同，预先考虑操作顺序，以免先后倒置，或因贪图省事猛拆猛敲，造成零件的损坏或变形。

（2）拆卸的顺序，应与装配的顺序相反。

（3）拆卸时，使用的工具必须保证对合格零件不会发生损伤，严禁用手锤在零件的工作表面上直接敲击。

（4）拆卸时，零件的旋松方向必须辨别清楚。

（5）拆下的零部件必须有次序、有规则地放好，并按原来结构套在一起，并在件上做记号，以免搞乱。对丝杠、长轴类零件必须将其正确放置，防止变形。

三、通用拆装工具的使用

（一）扳手

扳手用以紧固或拆卸带有棱边的螺母和螺栓，常用的扳手有开口扳手、梅花扳手、套筒扳手、扭力扳手、活络扳手、管子扳手等。

1. 开口扳手

开口扳手又称呆扳手（GB/T4388—1995），开口固定，分双头和单头两种，如图4－3所示。

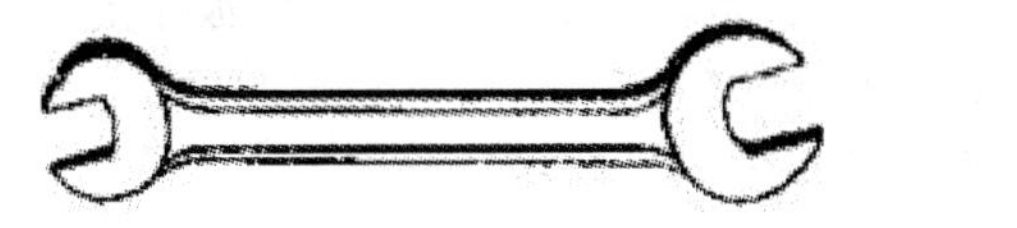
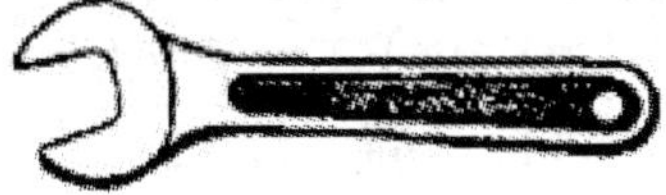

图4－3　开口扳手

其作用是紧固拆卸一般标准规格的螺母和螺栓。其开口的中心平面和本体中心平面成15°，这样既能适应人手的操作方向，又可降低对操作空间的要求。其规格是以两端开口的宽度S（mm）来表示的，通常是成套装备，有8件一套、10件一套等，通常用45钢、50钢锻造，并经热处理。

结构与功用：

开口扳手的特点是使用方便，对标准规格的螺栓螺母均可使用。

使用要求：

（1）使用时应选用合适的开口扳手，用大拇指抵住扳头，另四指握紧扳手柄部往身边拉扳，切不可向外推扳，以免将手碰伤。

（2）扳转时不准在开口扳手上任意加套管或锤击，以免损坏扳手或损伤螺栓螺母。

（3）禁止使用开口处磨损过甚的开口扳手，以免损坏螺栓螺母的六角。

（4）不能将开口扳手当撬棒使用。

（5）禁止用水或酸、碱液清洗扳手，应用煤油或柴油清洗后再涂上一层薄润滑脂保管。

2. 梅花扳手

梅花扳手（GB/T4388—1995），分双头和单头两种，如图4－4所示。

梅花扳手同开口扳手的用途相似，但两端是花环式的。其孔壁一般是12边形，可将螺栓和螺母头部套住，扭转力矩大，工作可靠，不易滑脱，携带方便，适用于旋转空间狭小的场合。

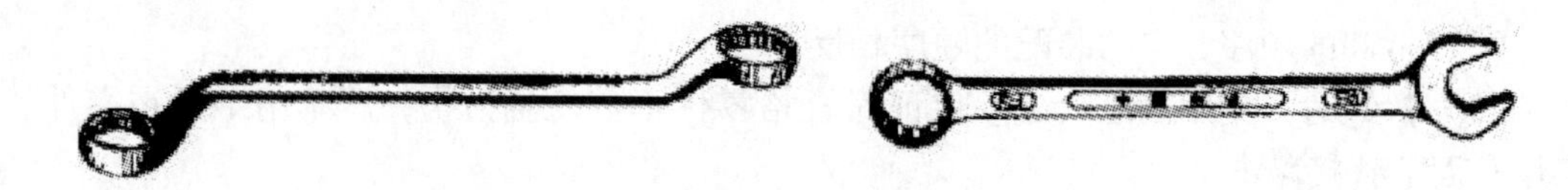

图 4-4 梅花扳手

其两端是环状的，环的内孔由两个正六边形互相同心错转 30°而成，使用时，扳动 30°后，即可换位再套，因而适用于在狭窄场合下操作。与开口扳手相比，梅花扳手强度高，使用时不易滑脱，但套上、取下不方便。其规格以闭口尺寸 S（mm）表示，通常是成套装备，有 8 件一套、10 件一套等，通常用 45 钢或 40Cr 锻造，并经热处理。

结构与功用：

梅花扳手的工作部位呈花环状，套住螺母扳转可使六角受力均匀。梅花扳手适应性强，扳转力大，适用于拆装所处空间狭小的螺栓螺母。对标准规格的螺栓螺母均可使用梅花扳手拆装，特别是螺栓螺母需用较大力矩拆装时，应使用梅花扳手。

使用要求：

（1）使用时，应选用合适的梅花扳手，轻力扳转时，手势与开口扳手相同；重力扳转时，四指与拇指应上下握紧扳手手柄，往身边扳转。

（2）扳转时，不准在梅花扳手上任意加套管或锤击。

（3）禁止使用内孔磨损过甚的梅花扳手。

（4）不能将梅花扳手当撬棒使用。

3. 套筒扳手

套筒扳手除了具有一般扳手的用途外，特别适用于旋转部位很狭小或隐蔽较深的六角螺母和螺栓。由于套筒扳手各种规格是组装成套的，故使用方便，效率更高，如图 4-5 所示。

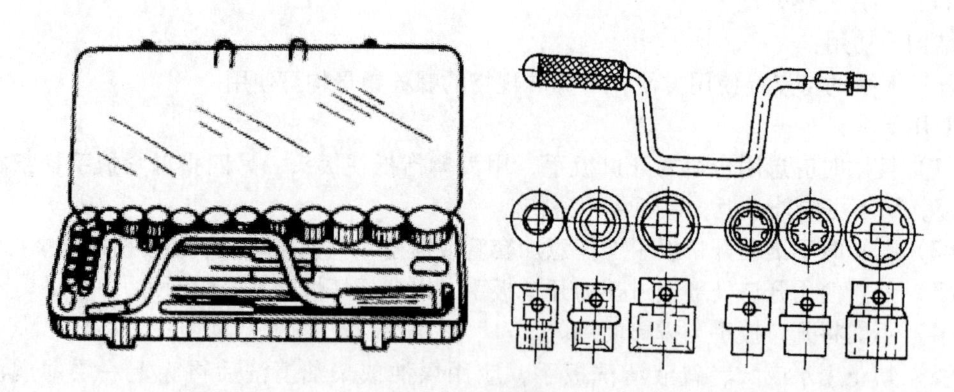

图 4-5 套筒扳手

其材料、环孔形状与梅花扳手相同，适用于拆装位置狭窄或需要一定扭矩的螺栓或螺母。套筒扳手主要由套筒头、手柄、棘轮手柄、快速摇柄、接头和接杆等组成，各种手柄适用于各种不同的场合，以操作方便或提高效率为原则，常用套筒扳手的规格是 10～32mm。

结构与功用：

套筒扳手由一套尺寸不同的套筒和一根弓形的快速摇柄组成，对标准规格的螺栓螺母均可使用。套筒扳手既适合一般部位螺栓螺母的拆装，也适合处于深凹部位和隐蔽狭小部位螺栓螺母的拆装。与接杆配合，可加快拆装速度和拆装质量。

使用要求：

（1）使用时根据螺栓螺母的尺寸选好套筒，套在快速摇柄的方形端头上（视需要与长接杆或短接杆配合使用），再将套筒套住螺栓螺母，转动快速摇柄进行拆装。

（2）用棘轮手柄扳转时，不可拆装过紧的螺栓螺母，以免损坏棘轮手柄。

（3）拆装时，握快速摇柄的手切勿摇晃，以免套筒滑出或损坏螺栓螺母的六角。

（4）禁止用锤子将套筒变形的螺栓螺母的六角进行拆装，以免损坏套筒。

（5）禁止使用内孔磨损过甚的套筒。

（6）工具用毕，应清洗油污，妥善放置。

4. 扭力扳手

扭力扳手是能够控制扭矩大小的扳手，由扭力杆和套筒头组成，如图 4－6 所示。凡是对螺母、螺栓有明确规定扭力的（如气缸盖、曲轴与连杆的螺栓、螺母等），都要使用扭力扳手。在扭紧时指针可以表示出扭矩数值，通常使用的规格为 0～300N·m。扭力扳手结构示意图如图 4－7 所示。

图 4－6　扭力扳手

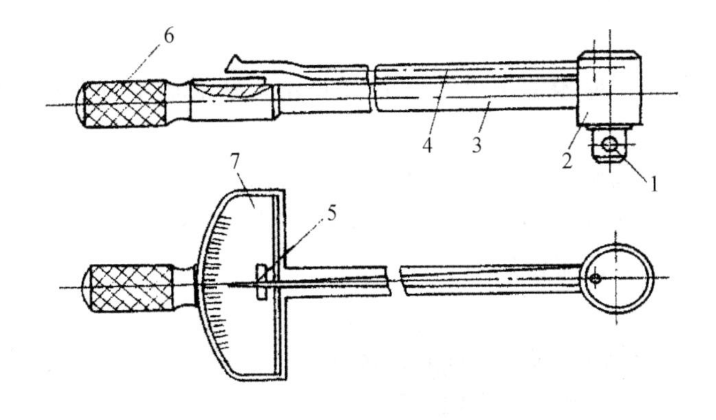

图 4－7　扭力扳手结构示意图

它是一种可读出所施扭矩大小的专用工具，其规格是以最大可测扭矩来划分的，常用的有 294N·m 和 490 N·m 两种；扭力扳手除用来控制螺纹件旋紧力矩外，还可以用来测量旋转件的起动转矩，以检查配合、装配情况，例如北京 492Q 发动机曲轴起动转矩应不大于 19.6N·m。

结构与功用：

通常使用的扭力扳手有预调式和指针式两种形式。一般用于有规定拧紧力矩的螺栓螺母的拆装，如缸盖、曲轴主轴承盖、连杆盖等部位螺栓螺母的拆装。

使用要求：

（1）拆装时用左手把住套筒，右手握紧扭力扳手手柄往身边扳转。禁止往外推，以免滑脱而损伤身体。

（2）对要求拧紧力矩较大，且工件较大、螺栓数较多的螺栓螺母，应分次按一定顺序拧紧。

（3）拧紧螺栓螺母时，不能用力过猛，以免损坏螺纹。

（4）禁止使用无刻度盘或刻度线不清的扭力扳手。

（5）拆装时，禁止在扭力扳手的手柄上再加套管或用锤子锤击。

（6）扭力扳手使用后应擦净油污，妥善放置。

（7）预调式扭力扳手使用前应做好调校工作，用后应将预紧力矩调到零位。

5. 活络扳手

活扳手（GB/T4440—1998），开口宽度可调节。

活络扳手的开口宽度可调节，能在一定范围内变动尺寸。其优点是遇到不规则的螺母或螺栓时更能发挥作用，故应用较广。使用活络扳手时，扳手口要调节到与螺母对边贴紧。扳动时，应使扳手可动部分承受推力，固定部分承受拉力，且用力必须均匀。

其开口尺寸能在一定的范围内任意调整，使用场合与开口扳手相同，但活动扳手操作起来不太灵活。其规格是以最大开口宽度（mm）来表示的，常用有 150mm 、300mm 等。

结构与功用：

活扳手由固定部分和可调部分两部分组成，扳手的开度大小可以调整。活扳手一般用于不同尺寸的螺栓螺母的拆装。

使用要求：

（1）使用活扳手时，应根据螺栓螺母的尺寸先调好活扳手的开口，使之与螺栓螺母的六角一致。

（2）扳转时，应使固定部分承受拉力，以免损坏活动部分。

（3）扳转时，不可在活扳手的手柄上随意加套管或锤击。

（4）禁止将活扳手当锤子使用。

6. 管子扳手

管子扳手主要用于扳转金属管子或其他圆柱工件。管子扳手口上有牙，工作时会改变工件表面粗糙度，应避免用来拆装螺栓、螺母。

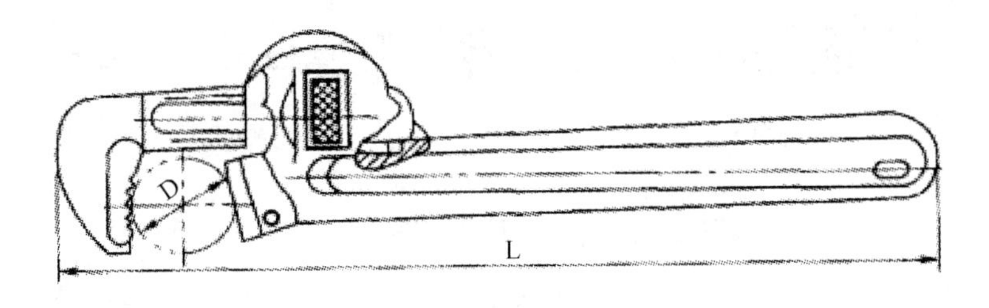

图 4-8　管子扳手

结构与功用：

管子扳手由固定部分和可调部分两部分组成，钳口有齿，以增大与工件的摩擦力。管子扳手一般用于紧固或拆卸金属管件或其他圆柱形零件。

使用要求：

（1）使用时，应根据圆柱件的尺寸预先调好管子扳手的钳口，使之夹住管件，并使固定部分承受拉力，以免扳转时滑脱。

（2）管子扳手使用时不得用锤子锤击，也不可将管子扳手当锤子使用。

（3）禁止用管子扳手拆装六角螺栓螺母，以免损坏六角。

（4）禁止用管子扳手拆装精度较高的管件，以免改变工件表面的粗糙度。

7. 内六角扳手

内六角扳手是用来拆装内六角螺栓（螺塞）用的（见图 4-9），规格以六角形对边尺寸 S 表示，有 3~27mm 十三种，汽车维修作业中用成套内六角扳手，可供拆装 M4~M30 的内六角螺栓。

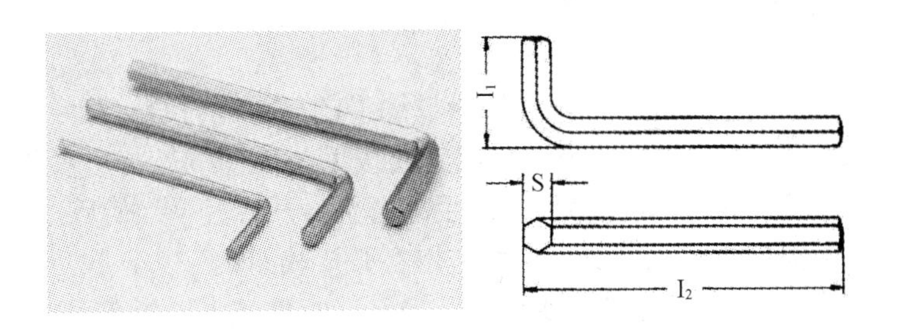

图 4-9　内六角扳手

8. 螺钉旋具

又称起子、螺丝刀或改锥。

（1）用途：用于紧固或拆卸头部带槽的螺钉。

（2）类型。

一字形、十字形螺钉旋具（GB1064—89），如图 4-10 和图 4-11 所示。分别用于一字形螺钉和十字形螺钉。按柄部材料分为木柄和塑料柄两种；按旋杆是否穿过柄部分为普通式和穿心式两种，其中穿心式能承受较大扭矩，柄端可承受手锤敲击；按旋杆截面形状分为圆形和方形两种，其中方形旋杆能用扳手夹住旋转，增大扭矩。

夹柄式螺钉旋具，如图 4-12 所示。其特点是经久耐用，柄端能承受较大敲击力。

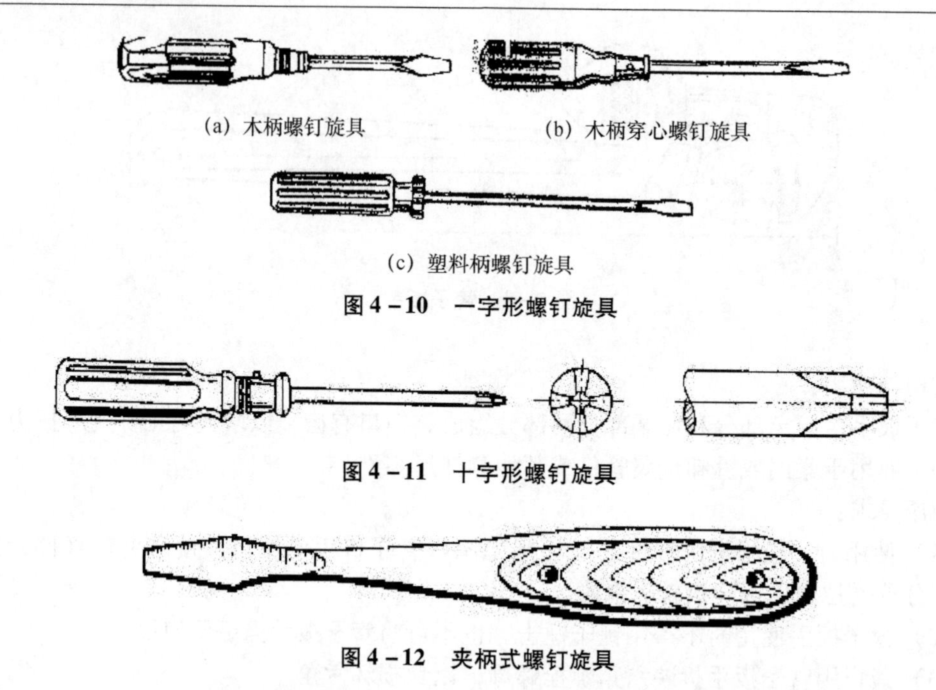

(a) 木柄螺钉旋具　(b) 木柄穿心螺钉旋具

(c) 塑料柄螺钉旋具

图 4－10　一字形螺钉旋具

图 4－11　十字形螺钉旋具

图 4－12　夹柄式螺钉旋具

1）一字起子：又称一字形螺钉旋具、平口改锥，用于旋紧或松开头部开一字槽的螺钉，工作部分一般用碳素工具钢制成，并经淬火处理，一般由木柄、刀体和刃口组成，其规格以刀体部分的长度来表示，使用时，应根据螺钉沟槽的宽度进行选用。

2）十字形起子：又称十字槽螺钉旋具、十字改锥，用于旋紧或松开头部带十字沟槽的螺钉，材料和规格与一字形起子相同。

9. 扳手类工具正确选用和注意事项

（1）扳手类工具。

1）所选用的扳手的开口尺寸必须与螺栓或螺母的尺寸相符合，扳手开口过大易滑脱并损伤螺件的六角，在进口汽车维修中，应注意扳手公英制的选择；各类扳手的选用原则，一般优先选用套筒扳手，其次为梅花扳手，再次为开口扳手，最后选活络扳手。

2）为防止扳手损坏和滑脱，应使拉力作用在开口较厚的一边，这一点对受力较大的活络扳手尤其应该注意，以防开口出现“八”字形，损坏螺母和扳手。

3）普通扳手是按人手的力量来设计的，遇到较紧的螺纹件时，不能用锤击打扳手；除套筒扳手外，其他扳手都不能套装加力杆，以防损坏扳手或螺纹连接件。

（2）起子：型号规格的选择应以沟槽的宽度为原则，不可带电操作；使用时，除施加扭力外，还应施加适当的轴向力，以防滑脱损坏零件；不可用起子撬任何物品。

（3）手锤和手钳。

1）使用手锤时，切记要仔细检查锤头和锤把是否楔塞牢固，握锤应握住锤把后部。挥锤的方法有手腕挥锤、小臂挥锤和大臂挥锤三种，手腕挥锤只有手腕动，锤击力小，但准、快、省力，大臂挥锤是大臂和小臂一起运动，锤击力最大。

2）切忌用手钳代替扳手松紧 M5 以上螺纹连接件，以免损坏螺母或螺栓。

（二）钳类工具

用于夹持零件或弯折薄片形、圆柱形金属件及金属丝。带刃式可切断金属丝；扁嘴式

可装拆销、弹簧等零件；挡圈钳专门装拆弹性挡圈。

类型：

钢丝钳（GB6295、1—86），如图4－13所示。

尖嘴钳（GB6293、1—86），如图4－14所示。

扁嘴钳（GB6293、2—86），如图4－15所示。

挡圈钳，又称卡簧钳，如图4－16所示。

前三种钳柄部有不带塑料套和带塑料套两种。挡圈钳根据直嘴、弯嘴和轴用、孔用可分为四种。

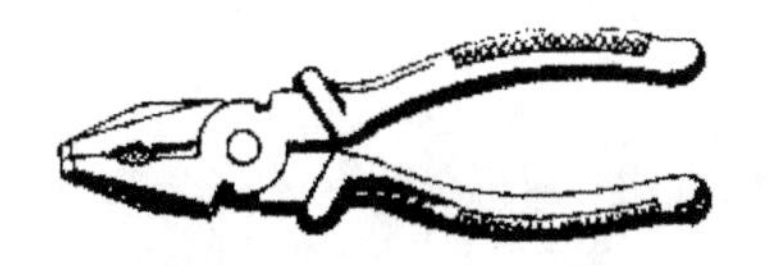

(a) 带塑料套钢丝钳

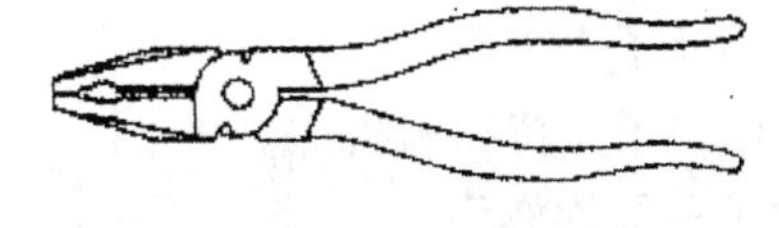

(b) 不带塑料套钢丝钳

图4－13　钢丝钳

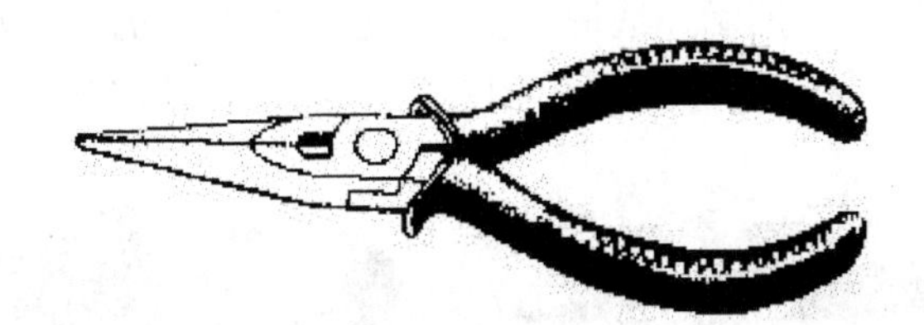

图4－14　尖嘴钳

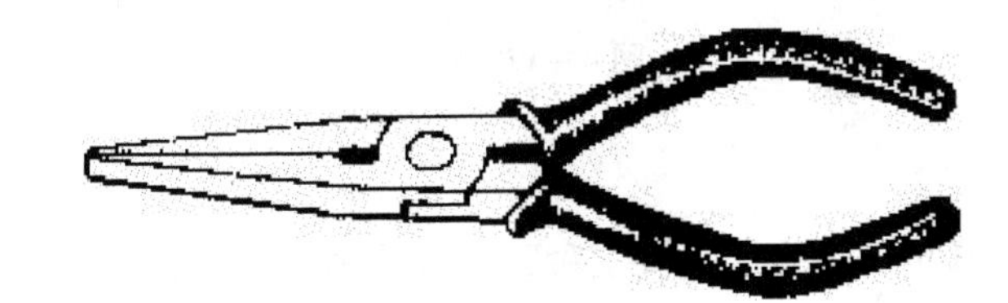

图4－15　扁嘴钳

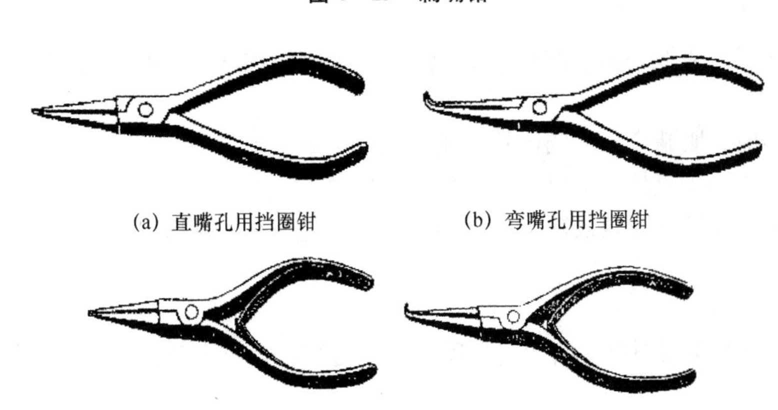

(a) 直嘴孔用挡圈钳　(b) 弯嘴孔用挡圈钳

(c) 直嘴轴用挡圈钳　(d) 弯嘴轴用挡圈钳

图4－16　挡圈钳

（1）规格参数。

前三种钳常用规格有：160mm、180mm、200mm；弹性挡圈钳常用规格有：125mm、175mm、225mm。

（2）使用注意事项。

根据工作选择合适的类型和规格；夹持工件用力得当，防止变形或表面夹毛；用挡圈钳要防止挡圈弹出伤人；不能当手锤或其他工具使用。

（3）使用要求。

1）使用时，先擦净油污。根据需要选用钳子类型。

2）禁止将钳子当扳手、撬棒或锤子使用。

3）不准用锤子击打钳子。

4）禁止用钳子夹持高温机件。

（三）锤子：又称榔头

1. 用途

用于手工施加敲击力。

2. 类型

斩口锤如图4－17（a）所示，适用于金属薄板、皮制品的敲平及翻边等。

圆头锤（QB/T1290.2－91），如图4－17（b）所示，又称钳工锤。

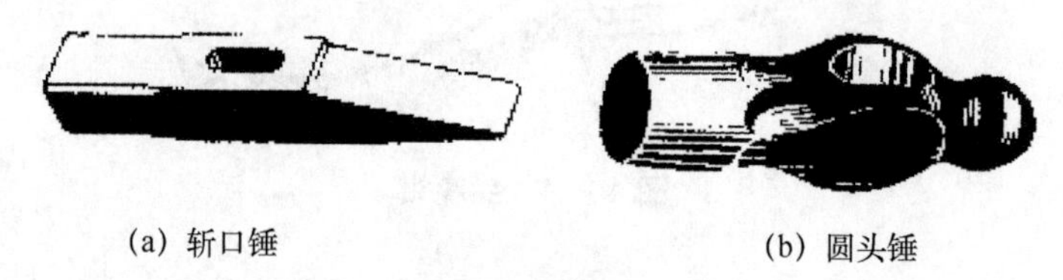

(a) 斩口锤　　(b) 圆头锤

图4－17　锤子

3. 结构与功用

按锤头形状，有圆头、扁头及尖头三种；按锤头材料，有铁锤、木锤和橡胶锤等。锤子主要用来敲击物件。

4. 使用要求

（1）使用时，应握紧锤柄的有效部位，锤落线应与铜棒的轴线保持相切，否则易脱锤而影响安全。

（2）锤击时，眼睛应盯住铜棒的下端，以免击偏。

（3）禁止用锤子直接锤击机件，以免损坏机件。

（4）禁止使用锤柄断裂或锤头松动的锤子，以免锤头脱落造成事故。

（四）铜棒

1. 结构与功用

铜棒由较软的金属制成，其功用是避免锤子与机件直接接触，保护机件在拆装中不受损伤。

2. 使用要求

（1）不准将铜棒当撬棒使用，以免弯曲。

（2）不准推磨铜棒，以免损坏。

（3）禁止将铜棒加温后使用，以免改变其材料性质。

（五）千斤顶

1. 用途和种类

千斤顶是一种最常用、最简单的起重工具，按照其工作原理可分为机械丝杆式和液压式。按照所能顶起的重量可分为3000kg、5000kg、9000kg等多种不同规格。目前广泛使用的是液压式千斤顶。千斤顶种类及结构如图4－18和图4－19所示。

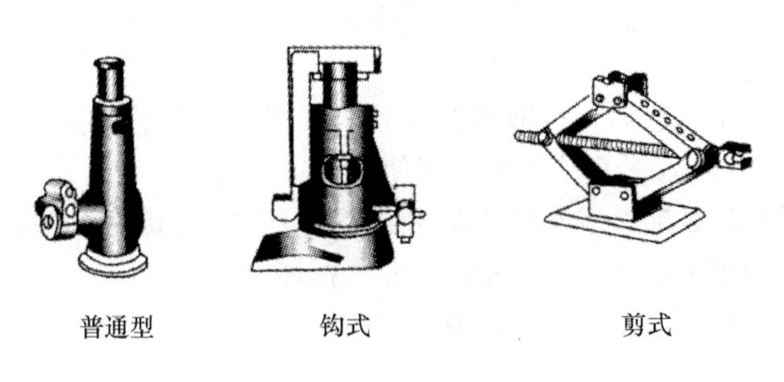

图4－18　千斤顶种类

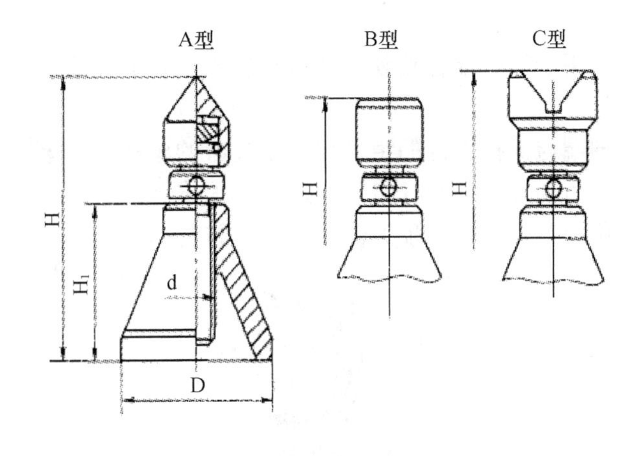

图4－19　千斤顶结构

2. 使用方法

现以液压式千斤顶为例，介绍其使用方法。

（1）起顶汽车前，应把千斤顶顶面擦拭干净，拧紧液压开关，把千斤顶放置在被顶部位的下部，并使千斤顶与被顶部位相互垂直，以防千斤顶滑出而造成事故。

（2）旋转顶面螺杆，改变千斤顶顶面与被顶部位的原始距离，使起顶高度符合汽车需要顶置的高度。

（3）用三角形垫木将汽车着地车轮前后塞住，防止汽车在起顶过程中发生滑溜事故。

（4）用手上下压动千斤顶手柄，被顶汽车逐渐升到一定高度，在车架下放入搁车凳，禁止用砖头等易碎物支垫汽车。落车时，应先检查车下是否有障碍物，并确保操作人员的安全。

（5）徐徐拧松液压开关，使汽车缓慢平稳地下降，架稳在搁车凳上。

3. 注意事项

（1）在汽车起顶或下降的过程中，禁止在汽车下面进行作业。

（2）应徐徐拧松液压开关，使汽车缓慢下降，汽车下降速度不能过快，否则易发生事故。

（3）在松软路面上使用千斤顶起顶汽车时，应在千斤顶底座下加垫一块有较大面积且能承受压力的材料（如木板等），防止千斤顶由于汽车重压而下沉。千斤顶与汽车接触位置应正确、牢固。

（4）千斤顶把汽车顶起后，当液压开关处于拧紧状态时，若发生自动下降故障，则应立即查找原因，及时排除故障后方可继续使用。

（5）如发现千斤顶缺油，应及时补充规定油液，不能用其他油液或水代替。

（6）千斤顶不能用火烘热，以防皮碗、皮圈损坏。

（7）千斤顶必须垂直放置，以免因油液渗漏而失效。

四、专用工具

1. 顶拔器

顶拔器又叫拉码，用于拆卸配合较紧的轴承和齿轮。它由拉爪、座架、丝杆、手柄等组成。

使用方法：根据轴端与被拉工件的距离转动顶拔器的丝杆，至丝杆顶端顶住轴端，拉爪钩住工件的边缘，然后慢慢转动丝杆将工件拉出。顶拔器工作时，其中心线应与被拉工件轴线保持同轴，以免损坏顶拔器。顶拔器的用途及结构如图 4－20 和图 4－21 所示。

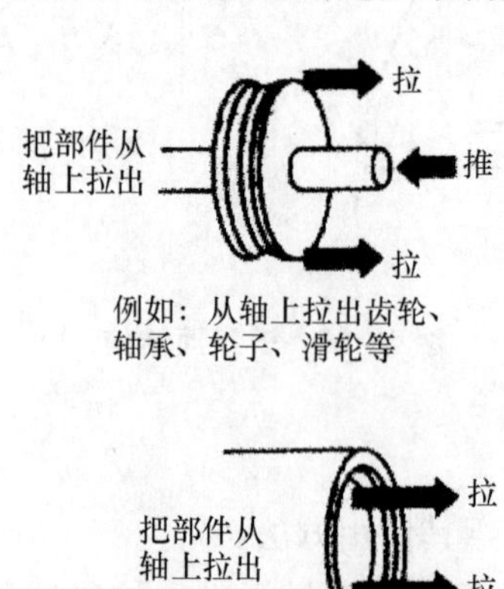

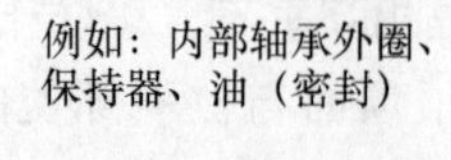

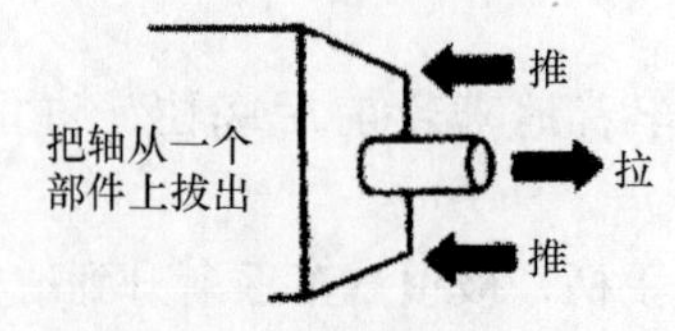

图 4－20　顶拔器的用途

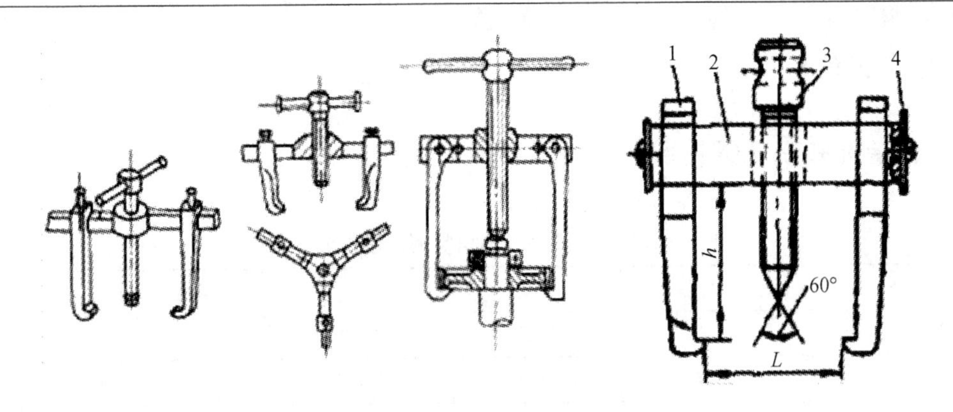

1：卡爪　2：撑杆　3：顶撑螺杆　4：保险卡

图 4－21　顶拔器的结构

2. 钩形扳手

钩形扳手，又称月牙扳手或圆螺母扳手，钩形扳手及其使用如图 4－22 和图 4－23 所示。

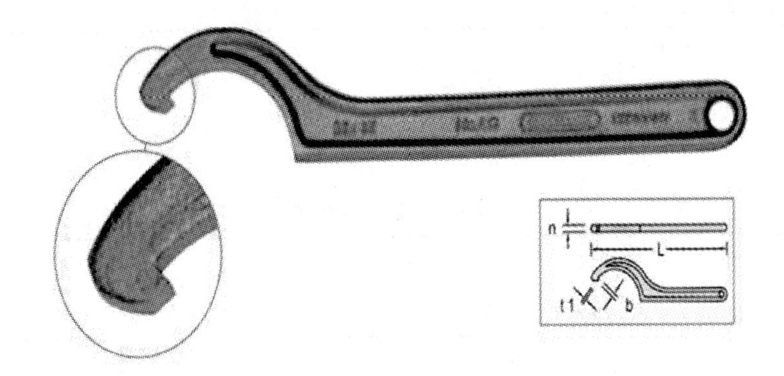

图 4－22　钩形扳手

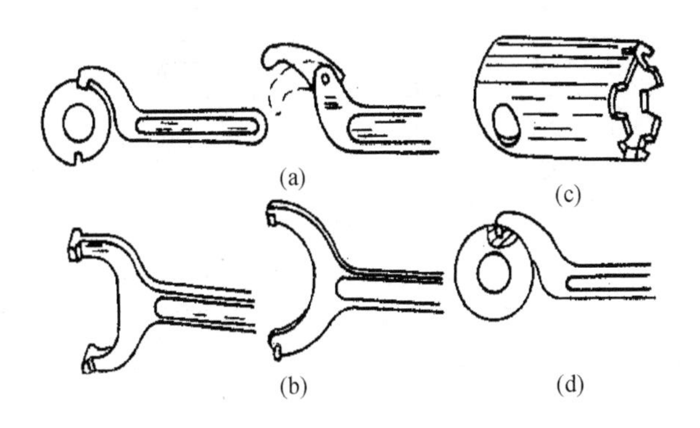

图 4－23　钩形扳手使用

【实习操作】

（1）安排学生课前通过网络搜索关于减速器装配的相关知识，以便课上讨论。

（2）各种减速器装配工具的使用方法和注意事项。

【任务评价】

一、装配知识掌握检验报告

表 4－2　装配知识掌握检验报告

零件图号		送检		检验员	
零件名		材料		日期	
序号	知识内容	自检	判定	互检	判定
1	装配的概念				
2	装配的分类				
3	装配的要求				
4	装配的工艺				
5	工具的名称和作用				

二、任务评价

表 4－3　任务评价表

序号	考核项目	考核内容和要求	配分	评分标准	检测结果	得分
1	加工准备	工、量具清单完整	5	缺 1 项扣 1 分		
		工作服穿着完整	5	酌情扣分		
		工、量具摆放整齐	5	酌情扣分		
2	操作规范	工具操作正确性	40	酌情扣分		
		工具使用正确性	40	酌情扣分		
3	文明生产	操作文明安全，工完场清	5	酌情扣分		
4	完成时间			每超过 10 分钟扣 2 分，超过 30 分钟为不及格		
总配分			100	总得分		

【任务思考】

（1）你喜欢拆装设备吗？你认为拆装设备应具备哪些知识？

（2）你对拆装工具的使用有新的认识吗？

任务14　减速器的拆装

【学习要求】

掌握齿轮变速器的拆装操作。

【知识准备】

减速器是由在箱体内的齿轮、蜗杆蜗轮等传动零件组成的传动装置，装在原动机和工作机之间用来改变轴的转速和转矩，满足工作机的要求。

一、减速器的结构

减速器的结构随其类型和要求的不同而异，一般由齿轮、轴、轴承、箱体和附件等组成，如图4－24为单级圆柱齿轮减速器的结构图。

上述减速器的箱体采用剖分式结构，由箱盖和箱体组成。箱盖与箱座用一组螺栓连接，并在剖分面的端部各有一个定位圆锥销。箱盖上设有窥视孔和起盖螺钉（有的设有吊环螺钉），窥视孔盖上装有通气器；箱座上设有油标尺和放油油塞，箱座留有螺栓孔与基座相连接。

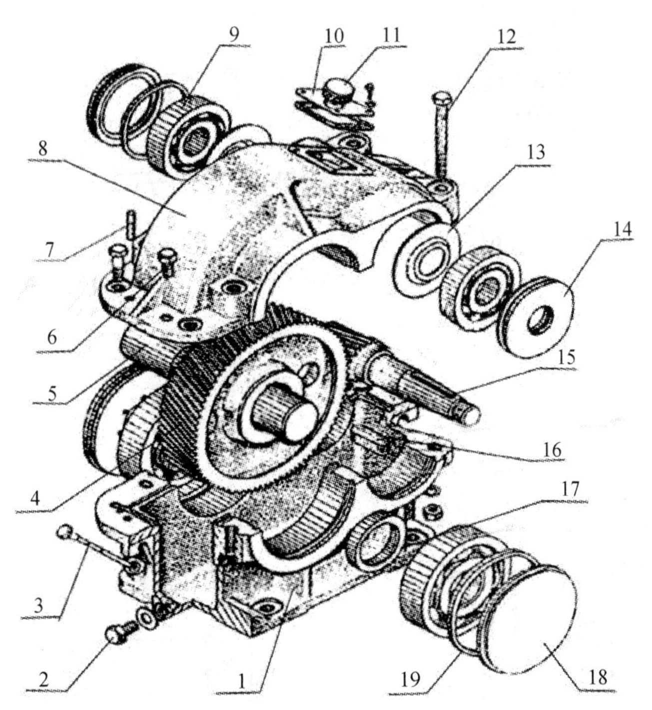

1：箱体　2：放油油塞　3：油标尺　4：齿轮　5：轴　6：起盖螺钉　7：定位销
8：箱盖　9：轴承　10：窥视孔盖　11：通气螺塞　12：螺栓　13：挡油环
14：轴承透盖　15：齿轮轴　16：键　17：轴套　18：轴承盖　19：调整环

图4－24　单级圆柱齿轮减速器的结构图

二、减速器拆装的注意事项

（1）减速器拆装过程中，若需搬动，必须按规则用箱座上的吊耳缓吊轻放，并注意人身安全。

（2）装配时应注意遵守操作要领，不能强行用力敲打。在熟知零部件的结构原理和装配顺序的前提下，按正确的位置，选用适当的工具和设备进行装配。

（3）测量齿轮啮合间隙时，最好由一人操作，以免伤到手指。

（4）测绘时，要正确使用和保管测量工具，并做到及时记录。

三、减速器的润滑与密封

为了保证减速器能正常工作，必须考虑齿轮与轴承的润滑。齿轮一般采用油池润滑。

滚动轴承的润滑方式与齿轮的圆周速度有关，当浸入油池中的齿轮圆周速度 v = 2 ~ 3m/s 时，即可采用飞溅润滑。飞溅到箱盖上的油顺着内壁浸入箱体接合面的油沟中，并沿着油沟导致各个轴承进行润滑。在箱盖与内壁相接的边缘处必须制出倒棱，以便油能顺利流入油沟中，如图 4 - 25 所示。为防止齿轮啮合处的热油和杂质进入轴承，有时可在轴承内侧加挡油环，如图 4 - 26 所示。

当齿轮的圆周速度 v < 2 ~ 3m/s 时，宜采用脂润滑。如图 4 - 27 所示，在轴承内侧需设置封油环，以免油池中的油进入轴承室内稀释润滑脂。

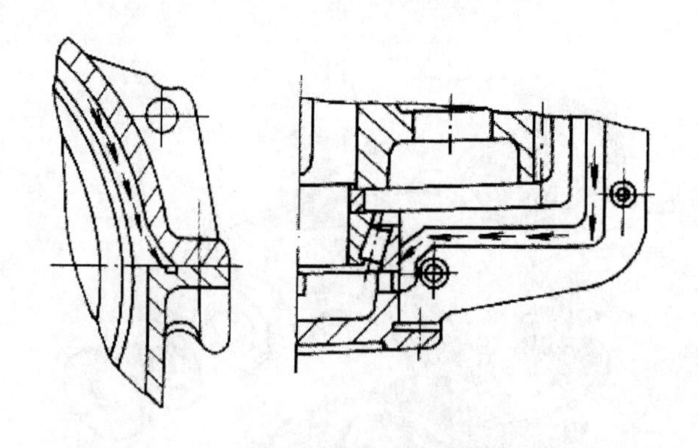

图 4 - 25　飞溅润滑

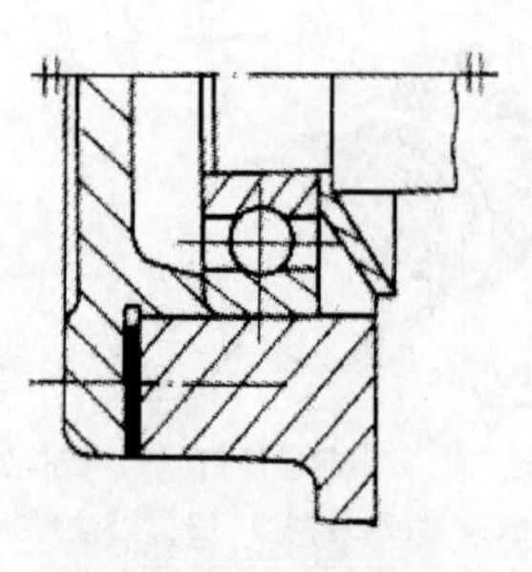

图 4 - 26　挡油环结构

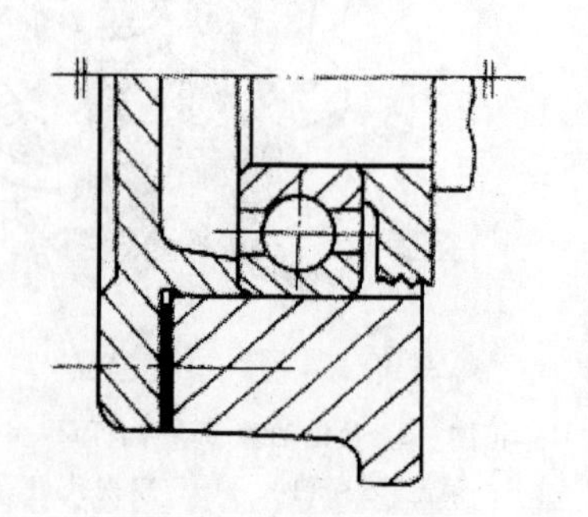

图 4 - 27　封油环结构

减速器需密封的部位很多，密封结构种类繁多，可根据不同的工作条件和使用要求进行选择。

1. 轴伸出端的密封

此处密封的作用是防止轴承处的油流出和箱外的污物、灰尘、水分等杂物进入轴承内。常用的密封有毡圈密封［见图4－28（a）］和密封圈密封［见图4－29（b）］。毡圈一般用于轴颈速度v≤4～5m/s的脂密封；密封圈常用于轴颈速度v≤7m/s的油密封。

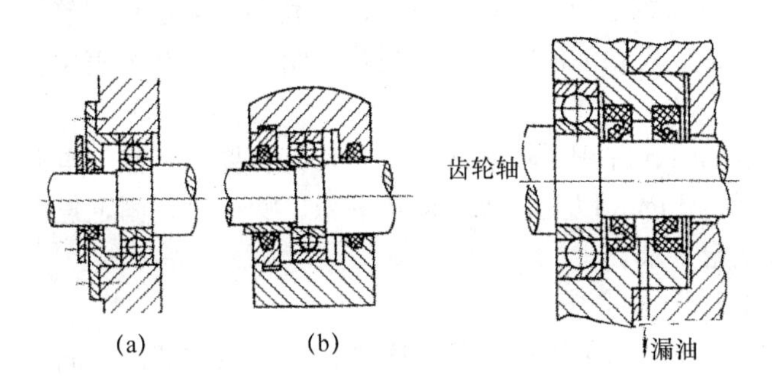

（a）毡圈密封　（b）密封圈密封

图4－28　轴伸出端的密封

2. 轴承靠箱体内侧的密封

（1）挡油环适用于油润滑轴承（见图4－26）。

（2）封油环适用于脂润滑轴承（见图4－27）。

3. 箱体接合面的密封

通常于装配时在箱体接合面上涂密封胶或水玻璃。

四、减速器的装配

（一）减速器的装配技术要求

减速器由机座、机盖、齿轮轴、大齿轮、轴、轴承与端盖等组成。减速器装配后应达到下列要求：零件和组件必须按照配图要求安装在规定的位置，整机性能符合设计要求；固定连接必须牢固；齿轮副啮合灵活，传动平稳，轴承间隙调整合适；润滑良好，无渗漏现象。

（二）减速器的装配

1. 零件的清洗、整形和补充加工

（1）零件的清洗，主要是清除零件表面的防锈油、灰尘、切屑等。

（2）零件的整形，主要是修整箱盖、轴承盖等铸件的不加工表面，使其外形与箱体结合部位的外形相一致。同时，修整零件上的锐边、毛刺和搬运中因碰撞而产生的印痕。

（3）零件上的某些部位，需要在装配时进行补充加工。例如，箱体与箱盖、箱体与各轴承盖的连接螺孔，需进行配钻和攻螺纹等。

2. 零件的预装

零件的预装又称试配。为了保证装配工作顺利进行，某些相配零件应先试配，待配合达到要求后再拆下。在试配过程中，有时还要进行修锉、刮削、研磨等工作。

3. 组件装配

减速器装配可分为组件装配和总装配两部分。总装配之前，可将减速器划分成主动齿轮轴、大齿轮轴、端盖等组件先行装配，以提高装配效率。

4. 总装配与调整

在完成组件装配后，即可进行总装配。减速器的总装配是以机座为基准零件，将主动齿轮轴和大齿轮轴组件安装在机座上，使两齿轮位置正确。啮合正常，然后装上机盖，用螺栓、螺母紧固；在两端面分别装上端盖组件，并利用调整垫片调整轴承的轴向间隙；装上螺塞等零件，注入工业齿轮油润滑，装上视孔盖组件，总装配完毕。

5. 试车

将减速器接上电动机，并用手转动试转，一切符合要求后接上电源，用电动机带动空转试车。试车时需运转30min以上，要求运转平稳，噪声小，固定连接处无松动，油池和轴承的温升不超过规定要求。

（三）减速器的拆卸

在拆卸设备时，应按照与装配相反的顺序进行，一般按照从外向内、先拆成部件或组件、再拆成零件的顺序进行。

（1）拆卸箱盖时应先拆开连接螺钉与定位销，再用起盖螺钉将盖、座分离，然后利用盖上的吊耳或环首螺钉起吊。拆开的箱盖与箱座应注意保护其结合面，防止碰坏或擦伤。

（2）拆卸时用力应适当，特别要注意对主要部件的拆卸，不能使其发生任何程度的损坏。

（3）拆装轴承时须用专用工具，不得用锤子乱敲。无论是拆卸还是装配，均不得将力施加于外圈上通过滚动体带动内圈，否则将损坏轴承滚道。

（4）用锤击法冲击齿轮时，必须垫加较软的衬垫，或用较软材料的锤子（如铜锤）、冲棒，以防损坏齿轮表面。

（5）拆卸下的零件应尽快清洗和检查。在一对相互配对的齿轮同一面做好标记，以便装配时容易辨认。

（6）在拆卸旋转轴时，应注意尽量不破坏原来的平衡状态。

五、滚动轴承的装配与拆卸

滚动轴承是一种精密部件，认真做好装配前的准备工作，对保证装配质量和提高装配工作的效率都是非常重要的。

（一）滚动轴承装配的技术要求

（1）按轴承的规格准备好装配所需的工具和量具。

（2）按图样要求认真检查与轴承相配合的零件，并用煤油或汽油将其清洗、擦拭干净后涂上润滑油。

（3）检查轴承型号与图样所标识的是否一致，并把轴承清洗干净。对于表面无防锈油涂层并包装严密的轴承可不进行清洗，尤其是对于有密封装置的轴承，严禁清洗。

（4）安装滚动轴承时，应将轴承上带有标记代号的端面装在可视方向，以便更换时进行查对。

（5）滚动轴承在轴上或装入轴承座孔后，不允许有歪斜的现象。

（6）在同一根轴的两个滚动轴承中，必须使其中一个轴承在受热膨胀时留有轴向移动的余地。

（7）装配滚动轴承时，压力（或冲击力）应直接加在待配合套圈的端面上，不允许通过滚动体传递压力。

（8）轴承端面应与轴肩或支承面贴实。

（9）装配过程中应保持清洁，防止异物进入轴承内部。

（10）装配后的轴承应转动灵活，噪声小，工作温度应不超过50℃。

（二）滚动轴承常用的装配方法

滚动轴承多数为较小过盈配合的装配，装配时常采用压入（或敲入）法、温差法和液压套合法等。

1. 压入（或敲入）法

（1）采用手锤施力时，不能用手锤直接敲打轴承外圈；应使用垫套或铜棒，将轴承敲到轴上。用力应均匀，且施加在轴承内圈端面上，如图4－29（a）和图4－29（b）所示；轴承装到轴承座内孔时，力应均匀地施加在轴承外圈端面上，如图4－29（c）所示。

（2）借助套筒施力时，可用压力机将轴承压入轴和轴承座孔内，如图4－30所示。若无专用套筒，可采用手锤与铜棒沿零件四周对称、均匀敲入，达到装配目的。

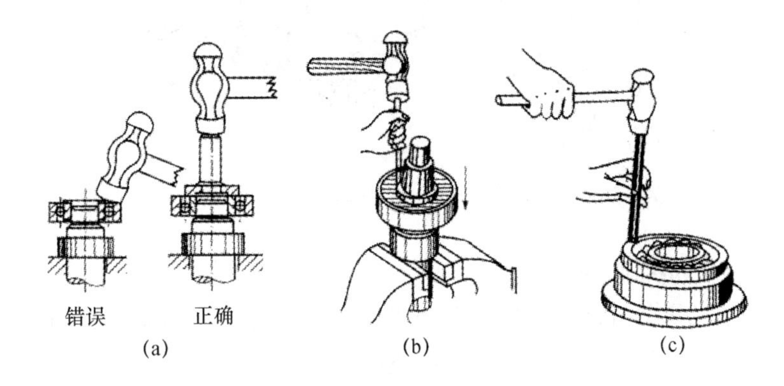

图4－29　用手锤与铜棒装配滚动轴承

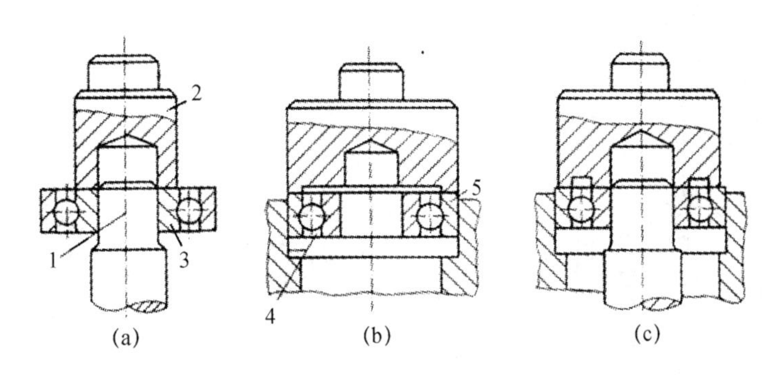

（a）压入轴颈　（b）压入座孔　（c）同时压入轴颈和座孔

1：轴颈　2：套筒　3：内圈　4：座孔　5：外圈

图4－30　用套筒装配滚动轴承

2. 温差法

（1）加热法采用将轴承加热、使内圈胀大的方法。加热时，温度控制在80℃～100℃，加热后取出轴承，用比轴颈尺寸大0.05mm左右的测量棒测量轴承孔径，若尺寸合适应迅速将轴承推入轴颈，如图4－31所示。

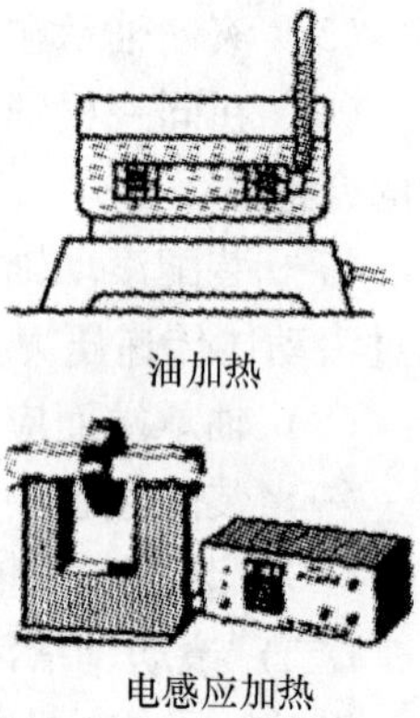

油加热

电感应加热

图4－31　加热装配法

（2）冷冻法将轴承放置在工业冰箱或冷却介质中冷却，取出轴承后，立即测量轴承外径缩小量，若尺寸合适，立即进行装配。

3. 液压套合法

由手动泵产生的高压油进入轴端，经通路引入轴颈环形槽中，使轴承内孔胀大，再利用轴端螺母旋紧，将轴承装入。此法适用于轴承尺寸和过盈量较大、又需要经常拆装的场合，也用于可用敲击的精密轴承装配，如图4－32所示。

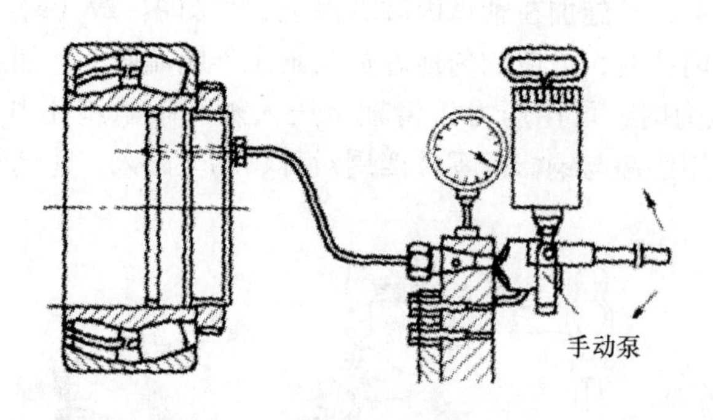

图4－32　液压套合法

（三）滚动轴承的拆卸方法

对于圆柱滚子轴承的拆卸，可以用压力机将轴承压出，如图4－33和图4－34所示；也可采用顶拔器拉出的方法，如图4－35所示。

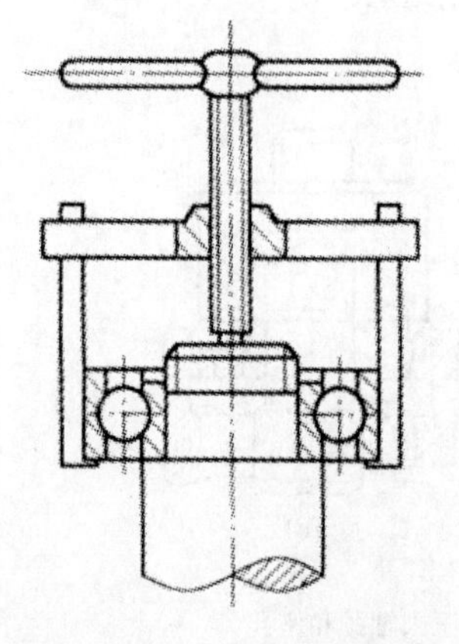

图4－33　不正确的拆卸方法

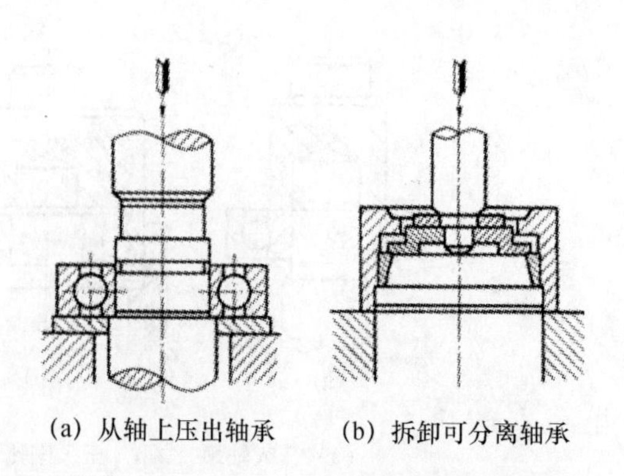

(a) 从轴上压出轴承　　(b) 拆卸可分离轴承

图4－34　用压力机拆卸圆柱滚子轴承

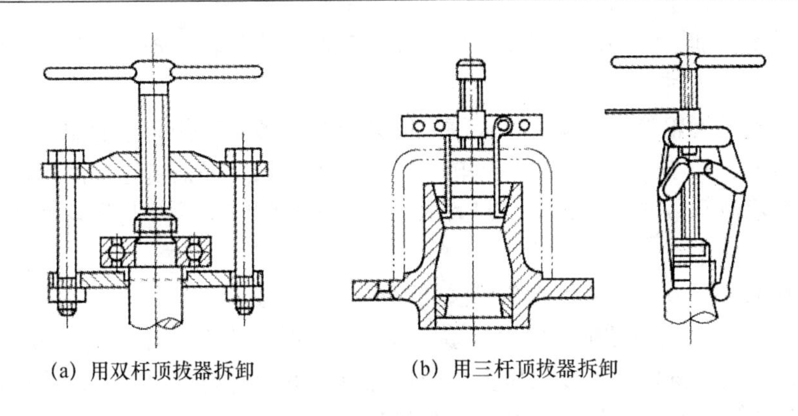

(a) 用双杆顶拔器拆卸　　(b) 用三杆顶拔器拆卸

图 4-35　用顶拔器拆卸圆柱滚子轴承

圆锥滚子轴承若直接装在锥形轴颈上，或装在紧定套上，拆卸时，先拧松锁紧螺母，然后用软金属棒和锤子，向锁紧螺母方向敲击，可将轴承拆下，如图 4-36 所示。

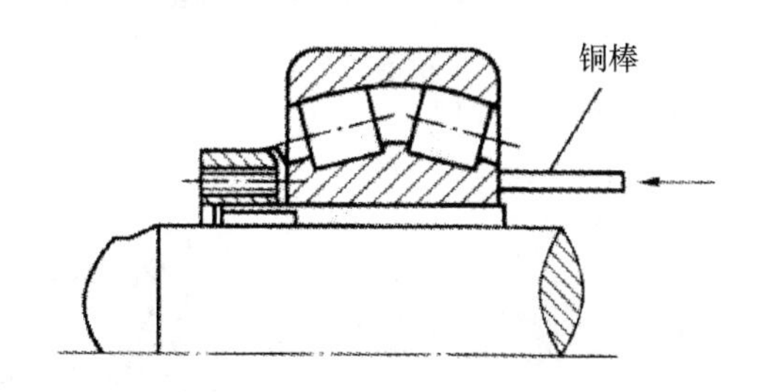

图 4-36　带紧定套轴承的拆卸

六、齿轮的装配

齿轮装配质量的高低，直接影响着传动齿轮的工作可靠性和使用寿命，某些齿轮本身的材质、加工精度并不差，但装配后即出现异常，甚至是机械事故。因此装配与调整对于齿轮的使用具有重要的作用。

（一）齿轮装配的技术要求

齿轮装配的技术要求主要决定于传动装置的用途和精度。如高精度的传动机构的齿轮要求齿轮传动精度与间隙符合公差要求；低速重载的齿轮侧重于要求接触精度；高速传动机构的齿轮侧重于要求工作平稳性、接触精度和侧隙。

（1）保证齿轮有准确的安装中心距和适当的齿侧间隙。间隙过小，齿轮转动不灵活，甚至卡齿，会加速齿轮磨损；间隙过大，换向空程大，而且会产生冲击。

（2）保证齿面有一定的接触面积和正确的接触部位。接触面积和接触部位是互相联系的，接触部位不正确，同时反映了两啮合齿轮相互位置的误差。

（二）齿轮装配后的检查

齿轮装配后要进行检查，检查的主要项目有齿圈径向跳动和端面圆跳动等。装配后常出现的误差有两种：一是齿轮在轴上的偏摆，产生的原因是齿轮内孔与齿轮端面的垂直度误差较大或因齿轮内孔在装配时产生了较大的变形；二是齿圈径向跳动误差，产生此误差的主要原因是滚齿加工时的加工误差或因齿轮分度圆轴线与轴径轴线之间的同轴度误差。

1. 齿侧间隙的检查

齿侧间隙是指齿轮啮合传动时，齿廓之间留有的空隙。齿侧间隙的作用在于补偿加工误差和安装误差、补偿热变形，避免运转时发生卡死现象，保证齿轮自由回转，储存润滑油，有良好的润滑和散热条件，不引起大的冲击。齿侧间隙的大小与齿轮模数、精度等级和中心距有关。

齿轮间隙的检查方法常用的有压铅法和百分表测量法。

（1）压铅法。该方法准确，应用较多。具体方法是：在两齿轮的齿间放入一些铅丝，其直径根据间隙大小选定，长度以压上 3 个齿为宜，然后均匀转动齿轮，使铅丝通过啮合而被压扁。厚度小的是工作侧隙，最厚的是齿顶间隙，厚度较大的是非工作侧隙。齿轮的工作侧隙和非工作侧隙之和即为齿侧间隙，如图 4－37 所示。厚度均用千分尺测量。

（2）百分表测量法。此法用于较精确的啮合。具体方法是：把其中一个齿轮固定，将接触百分表齿面的另一个齿轮从一侧啮合转到另一侧啮合，百分表的最大读数与最小读数之差，即为齿侧间隙，如图4－38 所示。若齿侧间隙超过规定，可通过变动齿轮轴向位置和刮研齿面进行调整。

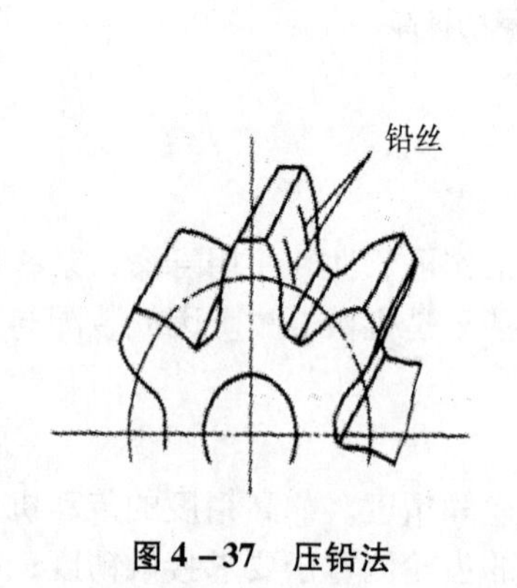

图 4－37　压铅法

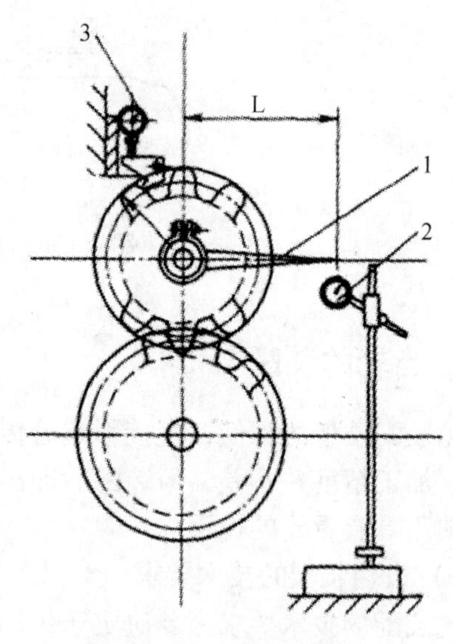

图 4－38　百分表测量法

2. 齿轮接触精度的检查

对于传递动力的齿轮，要求齿面的接触状况良好，即接触面积大而均匀，避免发生过大的载荷集中，保证齿轮的承载能力，达到减小磨损和延长使用寿命的目的。齿轮的接触精度是用接触斑点范围的大小来表示的，通常用着色法检查，如表 4－4 所示。具体检查步骤如下：

（1）在小齿轮齿面上涂色。

（2）将与之啮合的大齿轮与小齿轮对滚 3～4 圈。

（3）检查两齿轮的接触面积及位置。

表 4－4　渐开线圆柱齿轮接触斑点及调整方法

<table>
<tr><th>接触斑点</th><th>原因分析</th><th>调整方法</th><th>接触斑点</th><th>原因分析</th><th>调整方法</th></tr>
<tr><td>正确</td><td></td><td></td><td></td><td>中心距太大</td><td rowspan="2">可在中心距允差范围内，刮削轴瓦或调整轴承座</td></tr>
<tr><td>同向偏接触</td><td>两齿轮轴线不平行</td><td rowspan="2">可在中心距允差范围内，刮削轴瓦或调整轴承座</td><td></td><td>中心距太小</td></tr>
<tr><td>异向偏接触</td><td>两齿轮轴线歪斜</td><td>游离接触，在整个齿圈上，接触区由一边逐渐移至另一边</td><td>齿轮端面与回转轴线不垂直</td><td>检查并校正齿轮端面与回转轴线的不垂直</td></tr>
<tr><td rowspan="2">单向偏接触</td><td rowspan="2">两齿轮轴线不平行并歪斜</td><td rowspan="2">可在中心距允差范围内，刮削轴瓦或调整轴承座</td><td>不规则接触（有时齿面一个点接触，有时在端面边上接触）</td><td>齿面有毛刺或有碰伤隆起</td><td>去毛刺，修整</td></tr>
<tr><td>接触较好，但不太规则</td><td>齿圈径向跳动太大</td><td>检验并消除齿圈的径向跳动</td></tr>
</table>

注：一般在大齿轮上涂色，并以接触痕迹为检查依据。在转动齿轮时，被动轮应轻微制动；双向工作的齿轮，正、反转向都应检验接触斑点。

（三）齿轮装配后的跑合

齿轮装配后必须进行空载和加载的跑合，跑合后应严格进行清洗，然后进行复装、调整，再检验一次。

【实习操作】

安排学生对一级齿轮减速器按工艺进行拆装操作。

【任务评价】

一、减速器拆装检验报告

表 4－5　减速器拆装检验报告

零件图号		送检		检验员	
零件名		材料		日期	
序号	知识内容	自检	判定	互检	判定
1	拆装的工艺				
2	轴承的拆装				
3	齿轮的拆装				
4	部件的拆装				
5	试车				

二、任务评价

表 4-6　任务评价表

序号	考核项目	考核内容和要求	配分	评分标准	检测结果	得分
1	加工准备	工、量具清单完整	5	缺 1 项扣 1 分		
		工作服穿着完整	5	酌情扣分		
		工、量具摆放整齐	5	酌情扣分		
2	装配精度	轴承的装配精度	15	超差不得分		
		齿轮的装配精度	15	超差不得分		
		部件的装配精度	20	超差不得分		
		整机的装配精度	20	酌情扣分		
3	操作规范	拆装操作正确性	5	酌情扣分		
		工具使用正确性	5	酌情扣分		
4	文明生产	操作文明安全，工完场清	5	酌情扣分		
5	完成时间			每超过 10 分钟扣 2 分，超过 30 分钟为不及格		
总配分			100	总得分		

【任务思考】

装配中，你发现新的问题或又有新的认识了吗？